U0884501

黄河國家治理文獻集成（民國卷）第十八册

《黄河國家治理文獻集成》編委會　編

總第八十二册

黄河志

（第一篇　氣象）

（第二篇　地質志略）

胡焕庸　編
董杰　編

侯德封　編
董杰　編

内蒙古出版集團
内蒙古人民出版社

圖書在版編目（CIP）數據

黄河志．第一篇，氣象、第二篇，地質志略 / 胡焕庸，侯德封，董杰編．-- 呼和浩特 ：内蒙古人民出版社，2025．8．--（黄河國家治理文獻集成）．-- ISBN 978-7-204-18462-0

Ⅰ．TV882.1

中國國家版本館 CIP 數據核字第 2025BQ8961 號

黄河志（第一篇　氣象）（第二篇　地質志略）

胡焕庸　編　　　　　　侯德封　編

編　　者	董　杰
策劃編輯	王　瑶
責任編輯	賈大明
裝幀設計	劉那日蘇　吉　雅　安立新
責任監印	包鐵柱
出版發行	内蒙古出版集團　内蒙古人民出版社
地　　址	呼和浩特市新城區中山東路 8 號波士名人國際 B 座 5 層
網　　址	http：//www.impph.cn
印　　刷	内蒙古愛信達教育印務有限責任公司
開　　本	880mm × 1230mm　1/16
印　　張	19
字　　數	230 千
版　　次	2025 年 8 月第 1 版
印　　次	2025 年 8 月第 1 次印刷
印　　數	1—1000 册
書　　號	ISBN 978-7-204-18462-0
定　　價	160.00 元

如出現印裝質量問題，請與我社聯繫。聯繫電話：（0471）3946120

編纂委員會

主　　任　陳利保

副 主 任　周承英　吴義學　王　瑶

成　　員　賈大明　何可欣　董立群　羅　婧　王曉俊　董麗娟
白　玲　特日格勒　徐　飛　李月琪　王麗燕　李　琳

主　　編　董　杰

副 主 編　張曉東　曹　玲

委　　員（按姓氏筆畫排序）
王　丹　王智慧　王鑫義　白胡日查　朱紫陽　李　萌
李新蕊　姚亞菲　陳　思　曹佳興　梁芹洋　張文文
張　岩　張博原　張　祺　張曉英　喬恩懋　賀　莎
楊　怡　楊建國　楊　承　霍燕平　魏雪剛

引言

千古河流成沃野，幾年沙勢自風湍。

得益于黄河冲積所帶來的疏松土質和有機物，中華先民利用石製工具開始了農業生産，并逐步發展出旱地粟作農業，『能够最大程度保障食物供給的穩定性，奠定了中華文明起源和形成的堅實基礎』〔一〕。而利用河水灌溉，提高區域可預測農業産量，『在産業史上起着最有决定性的作用』〔二〕。隨後，技術進步、經濟發展、人口增加，讓先民的文化生活大爲豐富。嚴文明先生評價道：『這是一場影響深遠的革命。』〔三〕在這場革命中，平衡水、沙、産、人四者之間的關係，始終是黄河治理的核心問題。四者關係一旦失衡，就容易引發諸多灾患。

歷史上，黄河下游因人口稠密、經濟發達，一直是學術界關注的重點。但自河源至今内蒙古托克托縣河口鎮的黄河上、中游區域，雖遠離王畿，人口稀疏，却也一直備受關注，人們逐步認識到黄河全流域治理是國家的重要任務。《漢書》載：『堤防之作，近起戰國，雍防百川，各以自利。』〔四〕没有全流域的協同治理，僅靠各地分段築堤，則黄河河患無法解决。秦建立了中國歷史上第一個中央集權大一統王朝，秦始皇東巡碣石，刻石銘記『决通川防，夷去險阻』〔五〕，開啓中央政府調動各要素治黄之先河，這『在中國，實質上是國家的一種職能』〔六〕。同時，國家通過對黄河的有效治理，爲沿黄流域人民群衆乃至其他地區人民群衆提供了重要的公共物品和産業支撑，成爲人民群衆眼中中央政府的功過評價指標之一。因此，治黄在增强沿黄各族群國家、政治、文化認同的基礎上，强化了中國大一統國家的合法性，成爲歷代國家治理能力的一個重要測度。

一、黄河治理維護了國家的社會穩定

從秦并六國到漢朝建立大一統國家，中國統一的多民族國家形成并得到初步發展。當時中央政府對所轄疆域有『北邊郡』和『内郡』之稱。内蒙古額濟納旗出土的居延漢簡有載，『狠（墾）田以鐵器爲本北邊郡毋鐵官印器内郡令郡以時博賣予細民毋令豪富吏民得多取販賣細民』，可以看出北邊郡是與内郡相對應的行政管轄區域。《史記》卷二十八『封禪書第六』載：『上乃遂去，並（并）海上，北至碣石，巡自遼西，歷北邊至九原。』〔七〕。《史記》卷三十『平準書第八』載：『天子北至朔方，東到太山，巡海上，並（并）北邊以歸。』〔八〕司馬遷多次提及北邊，足見統治者對北邊治理的重視。

漢武帝時，齊人延年提出從今内蒙古引黄河水經今北京一帶，向東注入渤海，以衛北部邊疆。『是時方事匈奴，興功利，言便宜者甚衆。齊人延年上書言：「河出昆侖，經中國，注勃海，是其地勢西北高而東南下也。可案圖書，觀地形，令水工準高下，開大河上領，出之胡中，東注之海。如此，關東長無水災（灾），北邊不憂匈奴，可以省隄（堤）防備塞，士卒轉輸，胡寇侵盜（盗），覆軍殺將，暴骨原野之患。天下常備匈奴而不憂百越者，以其水絶壤斷也。此功壹（一）成，萬世大利。」』[九]《史記》卷二十四『樂書第二』載：『天馬來兮從西極，經萬里兮歸有德。承靈威兮降外國，涉流沙兮四夷服。』[十] 如今，包頭地區出土了『四夷盡服』瓦當，出土文物與傳世文獻的呼應，成爲黄河治理維護祖國北部邊疆穩定的見證。

《史記》卷三十『平準書第八』載：『嚴助、朱買臣等招來東甌，事兩越，江淮之閒（間）蕭然煩費矣。唐蒙、司馬相如開路西南夷，鑿山通道千餘里，以廣巴蜀，巴蜀之民罷焉。彭吳（吴）賈滅朝鮮，置滄海之郡，則燕齊之閒（間）靡然發動。及王恢設謀馬邑，匈奴絶和親，侵擾北邊，兵連而不解，天下苦其勞，而干戈日滋。』[十一] 清代《汾陽縣志》卷十三『藝文』收録曹學閔《開修黄蘆嶺車路紀德政碑記》，上載：『永寧州，界連西陲，北達邊外歸綏諸路，商賈遠貿粟麥，泛皮船隨黄流南下，聚于州西磧口，一府之民仰利賴焉。而東至太原，南抵平陽，州縣凡二十餘，亦視汾爲橐籥，蓋所繫非特一方生計矣。』[十二] 民國時期，東北淪陷後，開發西北刻不容緩，而『黄河中游之水利，自應加以擴充及整理，藉（借）收桑榆之效，以挽狂瀾於（于）萬一』[十三]。

因黄河流域自然條件優越，歷朝歷代都十分重視對此地的開發，通過强有力的國家干預方式推動各類産業的發展，爲中國北部疆域的形成和社會穩定奠定了基礎。

二、民族交往、物資交流、技術轉移促成黄河治理共同體

《史記》卷十五『六國年表第三』載：秦始皇三十三年（前214），『築長城河上，蒙恬將三十萬』[十四]。這數十萬人中，擁有一技之長的人員不在少數。由此，邊地人口不斷增多，而豐富的物産則促進了商品交流與統一市場的形成。西漢《鹽鐵論·力耕第二》記録了『异物内流』的情形：『是以羸（騾）驢馲駞（駝），銜尾入塞，驒騱騵馬，盡爲我畜，鼲鼦狐貉，采旃文罽，充於（于）内府，而璧玉珊瑚瑠（琉）璃，咸爲國之寶。』[十五]此後，黄河北岸的『羸（騾）驢馲駞（駝）』『驒騱騵馬』『鼲鼦狐貉』『采旃文罽』與西南織錦、中原麻織、農作物等物資相互交流，逐步形成統一的國内大市場，加强了邊疆與其他地區的經濟聯繫，促進了邊疆特色産業的發展。

隨着民族交往交流交融的增强，清代以降，黄河流域内蒙古段輸入到内地的也不僅僅是『异寶』了。《綏遠通志稿·水路》載：『自乾隆以還。口外墾殖日廣。民殷物阜。出境之油、糧、鹽、鹼（碱）、甘草各貨。入境之日用雜貨。山西與歸綏往來之商運。凡經河路者皆以托屬河口爲唯一之碼頭。』[十六]從清乾隆年間到民國時期，由内蒙古經黄河運到山西的貨物有糧、油、鹽、碱、藥材、皮毛等，其中以糧油爲最大宗。糧食品種主要有糜黍、穀子、高粱、豆類及玉米、大小麥

等，油料主要是胡麻。内蒙古供貨支綫有從阿拉善盟阿拉善左旗吉蘭泰鹽池到山西吕梁市磧口鎮的運鹽駝路，五原縣、臨河區一帶各大幹渠的運糧水道，杭錦旗、達拉特旗的甘草駄運綫，鄂托克旗的運碱駝路。内蒙古段各條支綫以供貨爲主，山西段若干支綫以運銷爲主。

《臨縣志》載：『清朝乾隆至民國年間，陝、甘、綏、蒙等地的物資，通過此航綫運達磧口，再用牲口駄運到離石、吴城，轉運至東路（汾、平、介、孝等縣）。據民國20年（1931）統計，每年從綏遠磴口航至磧口的貨船不下4000餘艘』，『是陝、甘、綏、寧與晋西北物資集散之重鎮』。[十七]可見，内蒙古在甘肅、寧夏與陝西、山西等沿黄上下游物資交易中起到了重要的聯結作用；同時也吸引了山西、陝北、河北、山東、甘肅等地的農民遷移至此，并將開渠打壩、引水澆地等農業生産技術、手工技術和商業貿易經營方式帶到這裏。他們在此扎根，除了從事農業生産外，還挖甘草、下窑背炭、在黄河上拉船、在沙漠中拉駱駝、打短工放冬羊、開碾磨油坊，等等。不同地域、不同民族的人們合力修築河渠、引水興業，逐漸形成休戚與共的共同體。其間積纍的産品交易、商業管理、社會治理等方面的經驗，在今天依然有借鑒意義。

清代『首重治河，探河源以窮水患』[十八]，但更深層次的考量是『宣揚大一統及增强國家認同』[十九]。黄河流域人口基數大、分布廣，而全流域治理理念將不同地區、不同民族的人們凝聚成命運共同體，而『大一統』理念正是這一治理實踐的核心主題。

三、黄河流域拓展了中國的發展空間

早期統治者因巡幸及邊防建設所需，統籌管理沿黄河運與秦直道等沿黄馬道，維持着中央政府對北邊的有效治理。河套平原引黄渠道的建設爲秦漢王朝屯田事業提供了基本的水利保證，并將這些區域變成防禦北部邊患的大後方與根據地。于是，沿黄馬道、沿黄河運與萬里茶道、草原絲路等陸路運輸聯通起來，促進了中華文明與其他文明的交流互鑒，拓展了新的發展空間。

新中國成立之後，沿黄各族兒女在中國共產黨的領導下團結合作、艱苦奮鬥，實現了大河安瀾。黄河流域建立起行之有效的防洪抗汛機制，支撑着沿岸的産業發展，改善了周邊生態環境。當代治黄史證明，正是由于中國共産黨的正確領導以及集中力量辦大事的制度優勢，纔從根本上減輕了河患的威脅。進入新時代，黄河流域在築牢安瀾根基的同時，以蓬勃活力拓展着中國的發展空間。沿黄九省區在協同發展中不斷釋放潛力，讓黄河流域成爲國家區域協調發展戰略中不可或缺的重要一極，爲中國的發展源源不斷地注入新動能。

綜上所述，黄河流域的治理不是單純的河道治理、生態環境治理或社會治理，而是一種關涉水、沙、産、人四者關係的系統性、協同性治理，是推動國家可持續發展的動力，也是厘清國家治理與邊疆治理兩者動態交互實際效果的絶佳視角。而黄河工程等『中國本土理論資源、學術積釁』[二十]，有助于研究國家治理的演進歷程。進入新時代，黄河治理與國家治理的關係研究不斷開闢新視角、持續涌現新成果，其中鑄牢中華民族共同體意識、邊疆治理與黄河流域生態保護和高質量發展成爲非常重要的研究視角。因此，基于這一角度搜集整理黄河國家治理文獻，意義重大。《黄河國家治理文獻集成》，應運而生。

本叢書系統梳理了黄河治理的歷史脉絡與經驗，既爲新時代黄河流域生態保護和高質量發展提供了歷史鏡鑒，更以文獻爲載體，傳承了治理智慧、凝聚了民族力量，是服務國家發展戰略、鑄牢中華民族共同體意識的重要學術實踐。

《黄河國家治理文獻集成》編委會

二〇二五年一月

〔一〕韓建業：《中華文明的起源和形成》，載《中華民族共同體研究》2022年第4期，第80-91+172頁。

〔二〕中共中央馬克思恩格斯列寧斯大林著作編譯局：《馬克思恩格斯選集》第二卷，人民出版社，2014年，第240頁。

〔三〕嚴文明：《黄河流域文明的發祥與發展》，載《華夏考古》1997年第1期，第49-54+113頁。

〔四〕（漢）班固：《漢書》卷二十九『溝洫志第九』，中華書局，1964年，第1692頁。

〔五〕（漢）司馬遷：《史記》卷六『秦始皇本紀第六』，中華書局，1963年，第252頁。

〔六〕冀朝鼎：《中國歷史上的基本經濟區與水利事業的發展》，朱詩鰲譯，中國社會科學出版社，1981年，第7頁。

〔七〕（漢）司馬遷：《史記》卷二十八『封禪書第六』，中華書局，1963年，第1398–1399頁。

〔八〕（漢）司馬遷：《史記》卷三十『平準書第八』，中華書局，1963年，第1441頁。

〔九〕（漢）班固：《漢書》卷二十九『溝洫志第九』，中華書局，1964年，第1686頁。

〔十〕（漢）司馬遷：《史記》卷二十四『樂書第二』，中華書局，1963年，第1178頁。

〔十一〕（漢）司馬遷：《史記》卷三十『平準書第八』，中華書局，1963年，第1420–1421頁。

〔十二〕（清）方家駒修，（清）王文員纂：《汾陽縣志》卷十三『藝文』，清光緒十年刻本，第57–58頁。

〔十三〕王華棠、劉錫彤、吳樹德：《黃河中游調查報告》，華北水利委員會編印，1934年，第1頁。

〔十四〕（漢）司馬遷：《史記》卷十五『六國年表第三』，中華書局，1963年，第758頁。

〔十五〕王利器：《鹽鐵論校注》，中華書局，1992年，第28頁。

〔十六〕綏遠通志館：《綏遠通志稿》第十册，內蒙古人民出版社，2007年，第176頁。

〔十七〕臨縣志編纂委員會：《臨縣志》，海潮出版社，1994年，第273、321頁。

〔十八〕趙爾巽等：《清史稿》卷一二六『河渠一』，中華書局，1977年，第3715頁。

〔十九〕劉惠：《乾隆朝重構黃河河源的實踐與國家認同》，載《清華大學學報》（哲學社會科學版）2018年2期，第147–154+195頁。

〔二十〕許耀桐：《當代中國『治理』概念的演進探析》，載《國家現代化建設研究》2023年3期，第100–111頁。

出版前言

黄河，中華民族的母親河，她不僅孕育了中華文明，更見證了中華民族數千年的發展歷程。習近平總書記深刻指出：『從某種意義上講，中華民族治理黄河的歷史也是一部治國史。』這一重要論述，爲新時代黄河文化的保護傳承以及流域治理提供了根本遵循，也深刻揭示了黄河治理在國家發展和民族復興進程中的核心地位。在學習貫徹習近平新時代中國特色社會主義思想，積極響應國家黄河流域生態保護和高質量發展重大戰略，大力推進北疆文化建設的背景下，《黄河國家治理文獻集成》的編纂出版，具有重要的歷史意義、學術價值與現實指導意義。

黄河治理，自古以來就是國家的頭等大事。從遠古時期大禹治水，到當代運用科學技術進行系統治理，中華民族在數千年的時間裏，積纍了豐富的治河經驗，留下了浩如烟海的文獻遺産。《黄河國家治理文獻集成》收録了元代至民國時期古籍、朱批奏摺、期刊圖片等多模態文獻資源。這些文獻内容豐富、維度多元，既包含記載河工技術、治理方略等的專書，又有漢文朱批奏摺、工程檔案以及不同區域的調查研究報告等。民國時期的文獻則標志着現代水利科學開始融入黄河治理，展現了我國水利事業在時代變革中的創新與發展。近代照片的收録則以更加直觀的方式將黄河治理、黄河沿岸的風貌呈現給讀者。

該文獻的出版，不僅是對瀕危黄河文化遺産的及時搶救與保護，更是對我國水利史、國家治理史、邊疆治理研究學術鏈條的重要補充，具有較高的文獻價值和學術意義。尤爲重要的是，這一集成工作，深度契合鑄牢中華民族共同體意識這一全黨全國各族人民的共同任務。各民族在治理黄河的歷史進程中，緊密協作、共同探索，這些珍貴文獻便是各民族交往交流交融和中華文明認同的生動見證。對這些文獻進行整理出版，能够讓各族人民更加深刻地認識到，在歷史長河中，各民族共同爲黄河治理貢獻了力量，共同守護了家園，從而進一步增强對中華民族共同體的認同感與歸屬感，夯實鑄牢中華民族共同體意識的歷史根基。

《黄河國家治理文獻集成》以『國家治理』爲核心綫索，構建起一個全面、系統、多維的文獻體系：在時間跨度上，聚焦從元代至民國這一傳統治河向現代水利轉型的歷史時期，爲深入研究我國水利事業的發展脉絡提供了清晰的時間坐標；在内容分類上，細緻劃分爲技術專著、工程檔案、區域研究、朱批奏摺、科學報告、圖片等類别，涵蓋黄河治理的各個方面，從不同角度展現了我國在黄河治理上的探索與實踐；在版本選擇上，秉持嚴謹、科學的態度，確保文獻内容的準確性與代表性，爲學術研究奠定堅實基礎。

在編纂過程中，叢書特别注重『全流域治理』的理念，不僅收録了有關下游防洪治河的重要文獻，還涵蓋了中游地區水土保持以及上游地區灌溉開發等方面的珍貴記載。這種對黄河全流域治理的全方位關注，與當前『共同抓好大保護，協同推進大治理』的要求高度契合，充分體現了叢書在傳承歷史文化遺産的同時，緊密服務于當代國家發展戰略的時代價值。

在出版過程中，嚴格保持原書的版式與行款，最大程度地還原文獻原貌。對于部分出現黴變、殘缺的頁面，運用先進的數字化修復技術進行精心處理，在保留原始批注與印章痕迹的基礎上，兼顧了文物的真實性與文獻的可讀性。

此外，爲了更好地服務讀者，方便學術研究，本叢書新增了目録、提要等内容，這些新增部分由編委會精心撰寫。新增目録一般編製二級，個别圖書編製三級；原書有目録而内文無對應標題的，根據原書目録照録；原書目録爲關鍵詞或者其他情况的不編製目録；原書目録與内文不一致的，以原書内文爲準；原書無目録的，按卷端、版心或其他部分輯録；一册書中收録多種圖書的，以書名爲一級標題，編製二或三級。在文字使用上，統一使用現代漢語規範繁體字，對于原版文獻中的异體字、避諱字也使用現代規範繁體字，無對應規範繁體字的保留原字。

《黄河國家治理文獻集成》的出版，是對黄河文化遺産的一次系統性、搶救性保護，具有重大而深遠的現實意義：從學術價值層面來看，叢書成功構建起一座連接傳統與現代治黄文獻的橋梁，爲黄河流域生態保護、水利工程史、國家治理史、邊疆治理、中華民族共同體學等多個領域的學術研究提供了豐富、翔實的基礎文獻，有力推動了相關學科的發展與創新；從文化價值角度而言，生動展現了北疆文化與黄河文化在歷史長河中的交融共生，爲内蒙古『北疆文化』品牌建設提供了堅實的文獻支撑，進一步豐富了中華文化的内涵與外延；從實踐價值方面考量，書中所藴含的治河理念爲我們在新時代背景下實現人與自然和諧共生、推動黄河流域可持續發展提供了寶貴的歷史經驗與智慧啓示。

在此，我們要衷心感謝各藏書機構的大力支持，正是他們提供了珍貴底本資源，纔使得本叢書的編纂出版成爲可能。同時，我們也要向文化遺産智能應用服務中華民族共同體建設『英才與蒙』團隊致以崇高的敬意，他們歷經五年的辛勤耕耘，以嚴謹的治學態度和專業的學術素養，對文獻進行了系統的整理和輯録，爲叢書的内容質量提供了堅實保障。此外，我們還要特别感謝内蒙古自治區黨委宣傳部、内蒙古出版集團將本叢書納入『北疆文庫』重點項目，并在出版過程中給予全方位支持與幫助。

我們衷心期待，這套凝聚着無數心血與智慧的《黄河國家治理文獻集成》，能够在新時代的『黄河大合唱』中奏響歷史的强音，爲黄河流域生態保護和高質量發展注入强大的歷史動力，讓黄河文化在保護中傳承，在傳承中創新，在創新中不斷發展，綻放出更加絢爛的光彩。同時，希望這套叢書能够成爲促進各民族文化交流、鑄牢中華民族共同體意識的重要載體，助力各民族更加緊密地團結在一起，共同爲實現中華民族偉大復興的中國夢而努力奮鬥，讓中華民族共同體意識在黄河文化的滋養下，扎根于每一位中華兒女的心中，成爲推動中華民族不斷前進的强大精神力量。

提要

黃河志（第一篇　氣象）

《黃河志（第一篇　氣象）》是首部系統記録黃河流域氣象要素的專志，由胡焕庸（1901—1998）編纂，一九三六年由黃河水利委員會下屬黃河志編纂委員會刊行。胡焕庸，江蘇宜興人，中國現代人文地理學與氣候學奠基人，一九二一年畢業于南京高等師範學校，後留學法國巴黎大學。曾任中央大學地理系主任、華東師範大學地理系教授，于一九三五年提出『胡焕庸綫』，揭示中國人口密度分异規律。

該書作爲《黃河志》開卷之作，首創『氣象—水文—治河』交叉研究框架，解析氣象特徵對黃河水旱灾害的驅動機制。全書共六章：總論部分闡述黃河流域地理輪廓與氣候成因，分論部分記録雨量、温度、濕度、日照時數、蒸發量、雲量與天氣日數、風霜雪冰等定量觀測數據，末章論述氣象要素與洪水、枯水的關係。

黄河志（第二篇　地質志略）

《黄河志（第二篇　地質志略）》，由侯德封（1900—1980）編纂，一九三七年由黄河水利委員會刊行。侯德封，字洛村，河北高陽人，著名地質學家，中國沉積礦床學奠基人，一九二三年畢業于北京大學地質系，後留學美國芝加哥大學。曾任中央地質調查所技正、中國科學院地質研究所所長等職，于一九三五年主持首次黄河流域全境地質調查。

該書爲我國首部研究黄河流域地質特徵的專著，全書共五章，以『構造控盆—地層固沙—岩性調滲』爲主綫，揭示地質條件對黄河水沙運動的控制作用。該書通過詳細的地質調查和研究，論述了黄河流域的大地構造格局、第四紀黄土沉積序列、岩礦抗蝕性分級、新構造運動與河道變遷及相關工程地質問題。書末附侯德封手繪地質剖面圖及《黄河流域地質圖》。

目録

黄河志（第一篇　氣象）

黄河志（第二篇　地質志略）

黄河志

第一篇　氣象

黄河志編纂會編輯

國立編譯館出版

黃河志編纂會

會長　戴傳賢

副會長　朱家驊　王應榆

幹事　辛樹幟　李貽燕

陳可忠

編纂　侯德封　胡煥庸

張含英　張其昀

壽振黃　鄭鶴聲

劉士林

自序

河水之盈枯，係乎雨量之多寡，河流之漫溢潰決，其原因大都起於降雨之特多且驟，此治河者所以重視氣象觀測也。　吾國黃河成災，史不絕書，近年以來，屢有潰決，政府歲費巨帑，管理而經營之，惜多用於救災治標之工作，其耗費於氣象觀測，水文記錄，以為治水根本之策劃者，實渺乎其不足比數。民國二十三年夏，戴季陶先生等鑒於黃河文獻之缺乏，發起編纂黃河志，釐訂篇目，以氣象列於卷首，此誠認識氣象對於河工之重要者也。　黃河流域，面積遼闊，現有測候機關，十分稀少，其分布地點，既不平均，記錄時期，又極短促，以如此殘缺之材料，欲憑藉之以作黃河全域氣候之分析，並於水文研究有所補益，實不可能。　不佞受命編輯氣象篇，因先從搜集記錄着手，黃河流域測候機關，既不隸於同一系統，其歷年記錄，亦多半未經整理，數字校核，頗費時間，初請郭君官仁任抄錄計算之責，半年，郭君赴歐遊學，又請王君炳庭賡其事，不數月，王君又受他處聘，再請李君旭旦集其成，總計前後整理數字，約費一年之久，不佞皆隨時予以指導與監督，全篇文字說明，則純由不佞任之。　數字記錄，多由各測候機關借抄而來，中央研究院氣象研究所時正編輯中國之雨量一書，因此得助尤多，均當誌謝。各種記錄數字以及取材來源，均詳附表中，其間或有遺漏錯誤之處，望海內賢達，不吝指教。　本篇因根據材料，過於缺乏，僅堪視爲發凡起例之作，欲求完備，非期諸異日不可矣。

民國二十四年十月宜興胡煥庸敍

目錄

黃河志第一篇氣象

第一章　總論

第一節　黃河流域地理概觀及其對於氣候之影響

一、位置　黃河流域位於蒙古高原之南，秦嶺山脈之北，計介於北緯三十二度至四十二度之間，南北之廣約佔緯度十度，河源西起東經九十六度，河口位於東經一百十九度，東西之長約佔經度二十三度，全域面積約成一長方形式。　其緯度位置與歐非兩洲間之地中海區域相當，惟地中海沿岸與黃河流域之氣候則大相逕庭，前者爲海洋性之代表，後者爲大陸性之代表。　地中海位於大陸西岸，冬多西風，受大西洋之影響至巨，故其沿岸氣候冬溫夏熱，冬雨夏乾；黃河流域則反是，其地位於大陸東岸，冬季多西北風，係由內陸吹向海上，夏季多東南風，係由海上吹向內陸，因此全域氣候冬季嚴寒，而夏季酷暑，冬季乾燥而夏季降雨，黃河流域與地中海沿岸雖處於同一緯度，然因其對於海陸方向位置之不同，其氣候情形乃十分懸殊。

中國境內雨量之分布自東南向西北遞減，蒙古、新疆爲內陸之沙漠性區域，每年雨量平均多在三百毫米以下，秦嶺以南，長江流域一帶每年雨量平均多在六百毫米以上，黃河流域介於二者之間，不啻一過渡地帶，因此境內氣候乾燥，西部尤具有半沙漠性。

黃河流域三面環陸，一面濱海，其東境河北、山東兩省接近海洋，水汽來源較多，其每年所降雨量平均在四百至六百毫米之間，山、陝高原以西，其地深入內陸，離海愈遠，空中水汽愈少，成雨之機會乃益鮮。

黃河全域其雨量之分布，東部較多而西部較少者，其原因在此。

二、地形　黃河發源於青海，其地拔海高度在四千米以上，是乃西藏高原之一部，入甘肅，地形稍低，降至二千米以下，然山西、陝西與甘肅東部均爲一千米以上之黃土高原，其地較之西藏高原雖已降低甚多，然以之視豫東、冀南之平原，固猶巍然聳峙，高低懸殊，如太行山者，即山西高原之東邊，亦東西氣候之分界也。

黃河流域之北爲蒙古高原，其高度介於一二千米之間，陰山山脈爲蒙古高原之南界，亦黃河流域之北邊；兩區氣候，由此分界。

甘肅東部渭水上源有六盤山，渭水以南與漢水分界有秦嶺山，其高皆達三千米以上，黃河流域西部雨量殊少，惟六盤山附近地形隆起，成一特殊之多雨區域。秦嶺山脈向東延長，經豫西、鄂北邊境而盡於皖北之淮陽山脈，成爲黃河流域與長江流域之分界，其在陝西境內，山勢特高，北之關中南之漢中，氣候情形，判若霄壤，南多雨而北乾燥，南溫和而北寒冷。地形對於氣候之影響，其重要有如此者。

泰山邱陵位於山東西部，四周俱屬平原，惟泰岱屹然聳立，故自古尊之以爲五嶽之一，其絕頂高度計一五四五米，其他諸山大都在一千米以下，除山陽迎風之區雨量較北坡爲稍多外，其他對於氣候之影響，尙不過巨。

第二節　季風氣候與黃河流域

一、何謂季風氣候　我國東南部與日本、朝鮮、越南、印度諸國屬於東南亞洲之季風區域，故不明季風性質，卽無以明瞭黃河流域之氣候。季風者，風向之因季候而更變者也；大抵冬日自大陸吹向海洋，夏日自海洋吹向大陸，如澳洲北部，如歐洲之埃比里半島，如北美之墨西哥灣沿岸，如非洲幾內亞灣沿岸等，皆有此等現象；然季風之强盛發達，實無過於亞洲東南部，故中國、日本、印度諸國，乃特稱曰季風氣候區域。

二、季風氣候之成因　季風氣候之成因蓋起於地面海陸之不同，陸面吸熱易，放熱亦易，海面吸熱難，放熱亦難，當夏季時，大陸受日光之薰蒸，溫度升高極速，乃形成一低氣壓，其時海面溫度較低，氣壓較高，因此風向乃由海洋吹向大陸；冬季日光斜射，陸上放熱較多，故溫度低而氣壓高，同時海面上則溫度較高而氣壓較低，因此風向乃自大陸吹向海洋。　此種冬夏風向之更迭，卽所稱爲季風。　凡大陸面積廣大者，季風之更變乃愈顯著而發達，如亞洲是也。

三、季風氣候之特性　季風區域因冬夏風向不同，一切氣候要素均因此發生變化，其中最著者殆莫過於雨量，夏令季風多自海洋吹向大陸，因此攜帶水汽甚多，成雨之機會特多，反是，當冬季時，風向自大陸吹向海洋，氣流異常乾燥，成雨之機會殊少；因此凡屬季風氣候，多係夏季降雨，而冬季則甚乾燥，與地中海氣候之冬季降雨而夏季乾燥者，殆完全相反。

季風氣候因一年中海陸風向不同，故冬夏季溫度之差別亦甚大，冬季之嚴寒則尤爲顯著，蓋此時陸上天氣晴朗，晚間放熱極易，因此溫度降低，風向自內陸外吹，雖在沿海一帶，亦不免感受寒冷氣流之威脅，此季風區域冬季所以特寒也。　彼地中海氣候冬季受海風之調和，故氣候溫和，與此殆不可以同日語矣。

四、季風區邊緣之黃河流域　亞洲雖爲世界惟一季風發達之區，然真正季風勢力所及之範圍，蓋祇限於亞洲之東南部。 單就我國境內而言，試由黑龍江之瑷琿作一線至西藏之拉薩，分全國爲兩部，則西北半壁與東南半壁之情形，殆完全不同；西北半壁多高原與盆地，東南半壁則多平原與邱陵，西北半壁因受地形之阻爲太平洋或印度洋之海風所不及，故爲乾燥之內陸區域，東南半壁夏季受海風之調劑，雨量豐沛，出產富饒；黃河流域者，正位於此東南與西北兩區域之過渡地帶。 秦嶺以南揚子江流域一帶，雨澤豐盛，爲富裕之稻作區域，陰山、賀蘭以北，爲乾燥之沙漠區域，黃河流域介於其間。 東境冀、魯、豫東一帶，距海較近，雨量較豐，產物民生，亦較富裕，西境自太行、終南以西，地形既高，雨量亦稀，陝北、綏南、河套兩岸，其地已屬於沙漠地帶，僅賴河渠灌溉，稍有生產，外此卽屬沙漬荒原，乾燥過度，生產維艱，潼關以下之黃河流域與潼關以上之黃河流域，蓋判然若兩世界矣。

第三節 黃河流域之測候機關與記錄

一、測候記錄之重要 欲知一地氣候之情況，必須備有長期之測候記錄，否則其地氣溫之爲高爲低，雨量之爲多爲少以及一切風雲冰霜之變化，將無由知其實況。 且也，天氣之變化，瞬息無定，旱潦之相循，歷年不一，茍無繼續之觀測，則其遞嬗之迹象，亦將無由而推尋，至於農林之保護，水旱之防範，尤非備有正確之記錄不爲功，黃河全域常年每多苦旱，然偶降暴雨，則又多潰隄決口之災，黃禍之深，世界任何河流無有出其右者，欲謀治導與防捍，則氣象測候之工作，實不可少。

二、現有之測候機關　黃河流域現有之測候機關，實分屬於若干系統：一曰水利機關所屬之測候所，如華北水利委員會、黃河水利委員會、陝西涇渭渠工程處、綏遠民生渠工程處等；一曰各省縣所設之測候所，如山東、河南、山西、陝西、甘肅等省，現均由省政府建設廳飭由各縣設立雨量站，專司雨量記載；一曰海關測候所，沿海港口凡海關所在之處，往往附設測候所，兼司測候記錄；一曰學術農林機關設立之測候所，如北平清華大學之氣象臺、中央研究院之北平氣象臺、酒泉測候所、泰山氣象臺與綏遠農事試驗場測候所等均屬之。　各方所設測候所，以省縣政府所設者爲最多，惟成立甚遲，大多僅有三五年之記錄，有時因測候人員之疏忽，記錄頗多不甚正確。　依內政部之調查，黃河流域魯、豫、冀、晉、陝、察、綏七省，共計有雨量站五百二十一處（見內政消息第七期毛福全我國之雨量行政）。本篇搜集之測候統計，在魯、豫、冀、晉、陝、甘、察、綏、寧、蘇、皖十一省，共得四百十八站，茲將內政消息民國二十一年內政部所出之民國二十一年全國雨量水文報告，經濟委員會出版之民國二十二年全國雨量報告，以及本篇所搜集之測站分省統計表列下：

黃河流域各省測候站統計表（各省測候站站名詳見附表二）

省別／各方統計	山東	河南	河北	山西	陝西	甘肅	察哈爾	綏遠	寧夏	江蘇	安徽	總計
內政消息七期	一二〇	一一一	一七〇	四〇	五三	二〇	七					五二一
二十一年全國雨量報告	一〇五	一〇〇	一三〇	三二	一五	一	六	一				三九〇
二十二年全國雨量報告	一〇五	八一	九四	三〇	二八	一	五					三四四
本篇採用測站	六六	九九	五五	九八	四九	四	一四	九	一	一二	一一	四一八

十一省之中，以魯、豫、冀、晉四省站數較多，其他西北陝、甘、察、綏各省則殊少，青海一省更全付闕如，且陝、甘兩省之測站多係新立，記錄年限極短，除西安及其附近之通遠坊以外，鮮有五年以上之記錄。

三、現有測候記錄　上述各省四百十八之測候站，多數僅有雨量記錄，少數兼有溫度及其他記錄，亦有僅備溫度記錄而闕乏雨量記錄者。　記錄之最長者，當推北平，最早始於公曆一八四一年，距今已將百年，雖其中頗有間斷，實爲我全國現有最長之記錄。　其次如芝罘、如猴磯、如天津、如青島，均有四五十年之記錄，數值均甚可靠。　其他各地凡測候不足十年或在五年以下者，則因爲時過暫，其所得數字，殊難憑信；今茲雖被搜入，實僅供參考之用，當待將來能有更長期之記錄時，共相平均，方有代表之價值.

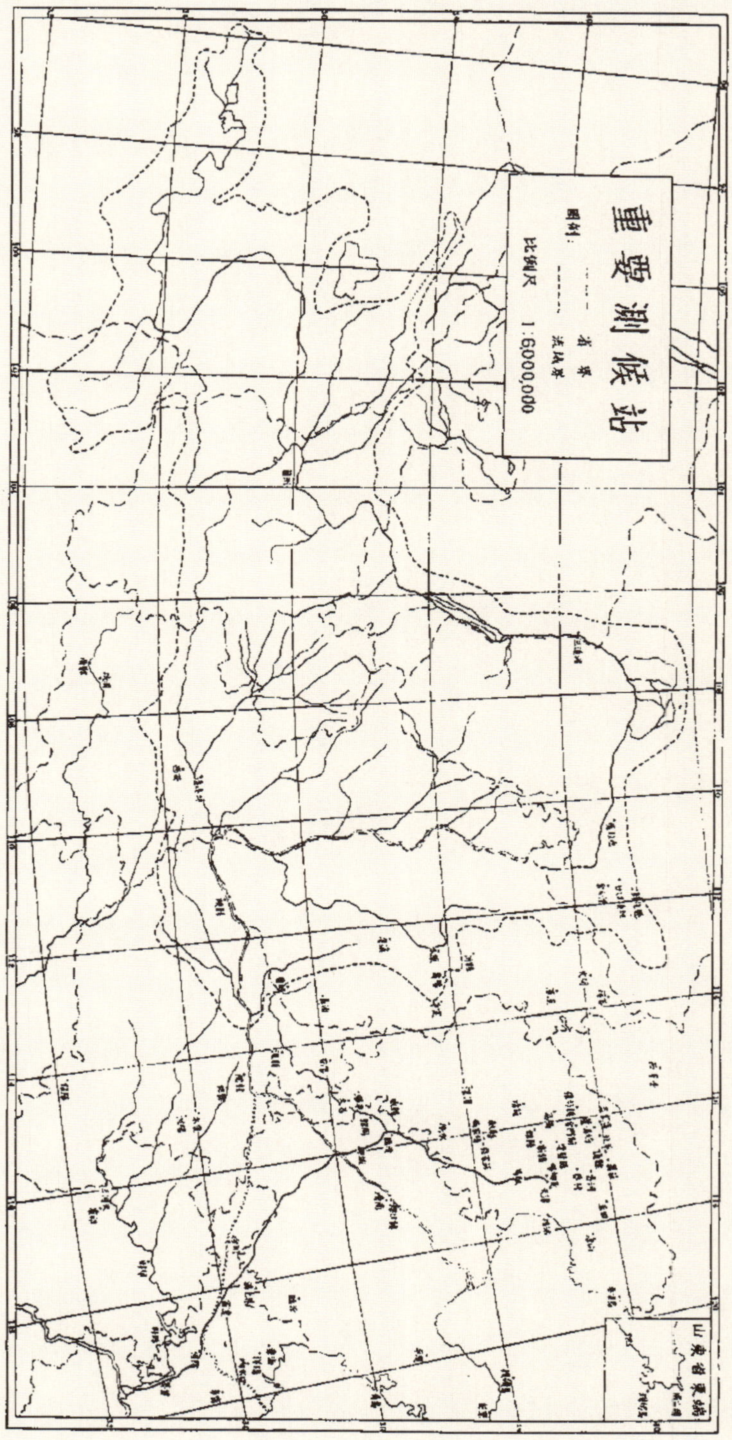
重要測候站
說明：
省界
流域界
比例尺 1:6000,000

第二章 雨量

第一節 雨之成因

海面或地面之水份，因蒸發而包藏於大氣之中，是曰水汽，水汽因溫度低降，凝成水滴，其細小者仍停留於空間，是爲雲或霧，其較大之水滴，因空氣之浮力不勝其重，於是下降而達地面，是卽所謂雨也。

水汽因溫度低降而成雨之方式有三：一、空氣因對流作用而上升，至高空後溫度低降，水汽因而凝結成雨；如夏日之雷雨亦稱熱雷雨，多因晝間日光强盛，地面溫度升高，空氣膨脹上升，成爲對流作用，空氣上升，溫度低降，水汽乃凝結成雨。 二、空氣流動因受地形之阻，被迫上升，溫度低降，因而成雨，是卽所謂地形雨；凡地形迎風之面多有之，地形背風之面則氣流由上層下降，溫度由低增高，因此反乾燥而少雨，此等處所，常號曰雨影。 三、由旋風構成之雨稱曰旋風雨，亦稱曰風暴雨，凡屬旋風多係性質不同之氣流相遇而構成，熱氣流因其密度小，故居上，冷氣流密度大，故居下，熱氣流被冷氣流擡舉而上升，因而冷凝成雨，是卽所謂風暴雨是也。風暴之另一種曰颱風，發生於赤道附近，多沿南海東海而北上，其來也每有烈風暴雨與俱；凡由颱風而降之雨，稱曰颱風雨。

第二節　雨類之分配

成雨原因既各種不同，而各種雨類降雨之多寡亦隨時隨地而異。如以青島爲例，依一九三〇至一九三三年之統計，計四年間春季降雨共五六一毫米，就中以風暴雨爲最重要，計佔總量之百分之九十五，其次爲雷雨，約佔百分之五。當夏季時，降雨總量計一二二一毫米，就中風暴雨計佔百分之七十，颱風雨計佔百分之二十，雷雨佔百分之十（見沈孝鳳亞東溫帶低氣壓之分類及其性質，氣象研究所集刊第三號。）

我國颱風登陸多在夏秋之交，以七八九三個月爲最多，其登陸處所多在浙、閩以南，其在山東以北登陸者殊屬少見。據徐家匯氣象臺龍神父之統計（見 Gherzi: Etude sur la pluie en Chine），在一八九三至一九二四年三十一年中，颱風在山東登陸者僅十六次，每二年始得一次，其在廣東登陸者三十年中計一〇四次，平均每年約三次，故香港於一九二九年至一九三二年四年中之統計，夏季颱風雨計佔總雨量之百分之三十五，較之青島，計多一倍。

雷雨次數普通以赤道附近爲最多，愈離赤道則愈少，大概溫度高而濕度重者，成雷雨之機會較多，溫度低而濕度小者成雷雨之機會較少。　依香港一九二九年至一九三二年之統計，夏季雷雨所成之雨量計佔同期總雨量之百分之十八，較青島亦多達一倍。

第三節　黃河流域之地形雨

地形雨多發生於地形突起之處，以通常情形而論，凡地形愈高者，雨量愈多，惟成雨之機會則以近海而迎風者爲多；凡位居內陸其方向背風者，其成雨之機會殊少。　黃河流域以內，其因地形而使雨量增多者，蓋有數區：一、泰山區。泰山山頂高一五四五米，依一九三三與一九三四兩年間之觀察，其年平均雨量達九百毫米，其他依現有之記錄，如沂水縣達一千毫米，泰安縣八八〇毫米，此區雨量較諸蘇北、魯東以及魯北各地均見增高，此受地形之影響也。

河北省之南部，地形平坦，雨量特別稀少，普通多在五百毫米以下，其尤少者乃在四百毫米以下，惟北平以北，東至山海關間，雨量特多，普通在六百毫米，多者達七百毫米，是受燕山之影響也。　山西高原之東邊，因太行山之突起，其附近雨量較諸東之河北平原，西之山西高原，均見增多。　甘肅東部六盤山一帶，因地形隆起，雨量亦多，爲渭涇兩河所取源，惜該地向無雨量測站，無記錄數字可供證明耳。

第四節　雨量之分布

黄河流域除上游各地因受地形影響雨量較鄰近各地爲特多外，其他雨量之分布約自東南趨西北遞減（參看年平均雨量圖）。如青島雨量爲六六四毫米，天津爲五二五毫米，大名爲五二九毫米，開封爲五三〇毫米，五百毫米之等雨線約自燕山山脈順太行山而下，經山西高原之南部，以達於渭河流域，此線東南僅河北省之南部以及黄河河口有少於五百毫米之雨量，如衡水雨量僅三八七毫米，深澤三八三毫米，至於此線以西，乃絶少高於五百毫米之雨量。

陝西境內記錄甚少，較長期之記錄則更少，就現有之數字觀之，則秦嶺以南與秦嶺以北，雨量情形頗爲不同，秦嶺以南，如漢中附近之城固，雨量達七四三毫米，然秦嶺以北，則雨量銳減，如西安僅五一八毫米而已。

山西境內可靠之雨量數字亦不多，如太原年雨量僅三九一毫米，渾源雨量三八四毫米。

察哈爾境內以西灣子（張家口附近）之記錄爲最長，開始於一八八一年，自一八八六以後，雖曾中斷，惟自一九一七以來，亦已有十六年之記錄，該處雨量依二十三年之平均爲三五〇毫米。

綏遠境內以二十四頃地（薩拉齊附近）之記錄爲最長，計十二年，其年平均雨量爲三三六毫米，薩拉齊備有十年之記錄，其年雨量爲三五一毫米，自此以西，再鮮有長期可靠之記錄。寧夏境內最近始有氣象研究所分設之測候所，甘肅境內僅蘭州甫有三年之記錄，其年平均雨量爲三六九毫米，惟聞最近數年蘭州適爲潦年，似此數字，殊嫌過高，蘭州如經長期觀測，其標準雨量或尚不及此數。

本屆搜集黃河流域之測站雖在四百以上，惟雨量記錄之比較可用者，不過二三十站，外此則均因觀察時間過短，不足以爲代表，所附等雨量線圖，因可靠之測站太少，故亦十分簡略，將來記錄完備時，當再加以修改。（見附表三各地雨量記錄）

第五節　雨量之季候分配

黃河流域之雨量，其季候分配之情形，大體相同，降雨時期集中於夏季各月，冬季異常乾燥，此種情形與東亞一般季風氣候之情形相同，惟黃河流域則因處於季風區域之邊緣，因此冬夏情形乃益爲懸殊。

關於我國雨量之季候分配，氣象研究所涂長望君曾經精密研究，著有中國雨量區域分類一文（氣象研究所集刊第五號），據涂君之研究，我國黃河流域一帶（涂君稱之曰華北類）其雨量之季候分配，約計冬季佔3%，春季佔10%，夏季佔70%，秋季佔17%，在全國各區中雨量最集中於夏季。他如浙江沿海，其季候之分配較爲平均，冬季佔15%，春季佔25%，夏季佔38%，秋季佔22%。

今試以青島、北平、開封、西安、太原、西灣子、二十四頃地七處雨量之季候分配列下，由此可見黃河流域雨量集中於夏季之情形。

各季雨量分配表

站名	春季		夏季		秋季		冬季		全年	
	雨量	百分數	雨量	百分數	雨量	百分數	雨量	百分數	雨量	百分數
青島	九四·二五	一四	三八七·四四	五八	一四五·二〇	二二	三七·四〇	六	六六四·二九	一〇〇
北平	五七·九〇	九	四八二·九〇	七六	八三·八〇	一三	一〇·三〇	二	六三四·九〇	一〇〇
開封	六六·三〇	一三	三五一·五〇	六六	七六·六〇	一四	三六·四〇	七	五三〇·七〇	一〇〇
西安	一一六·一〇	二二	二四一·四〇	四七	一五〇·八〇	二九	一〇·一〇	二	五一八·四〇	一〇〇
太原	四一·〇〇	一一	二八五·一〇	七三	五五·九〇	一四	九·三〇	二	三九一·三〇	一〇〇
西灣子	七四·〇〇	二一	二〇一·一〇	五七	六五·四〇	一九	九·六〇	三	三五〇·一〇	一〇〇
二十四頃地	三九·〇〇	一一	二一七·〇〇	六五	六九·〇〇	二一	一一·〇〇	三	三三六·〇〇	一〇〇

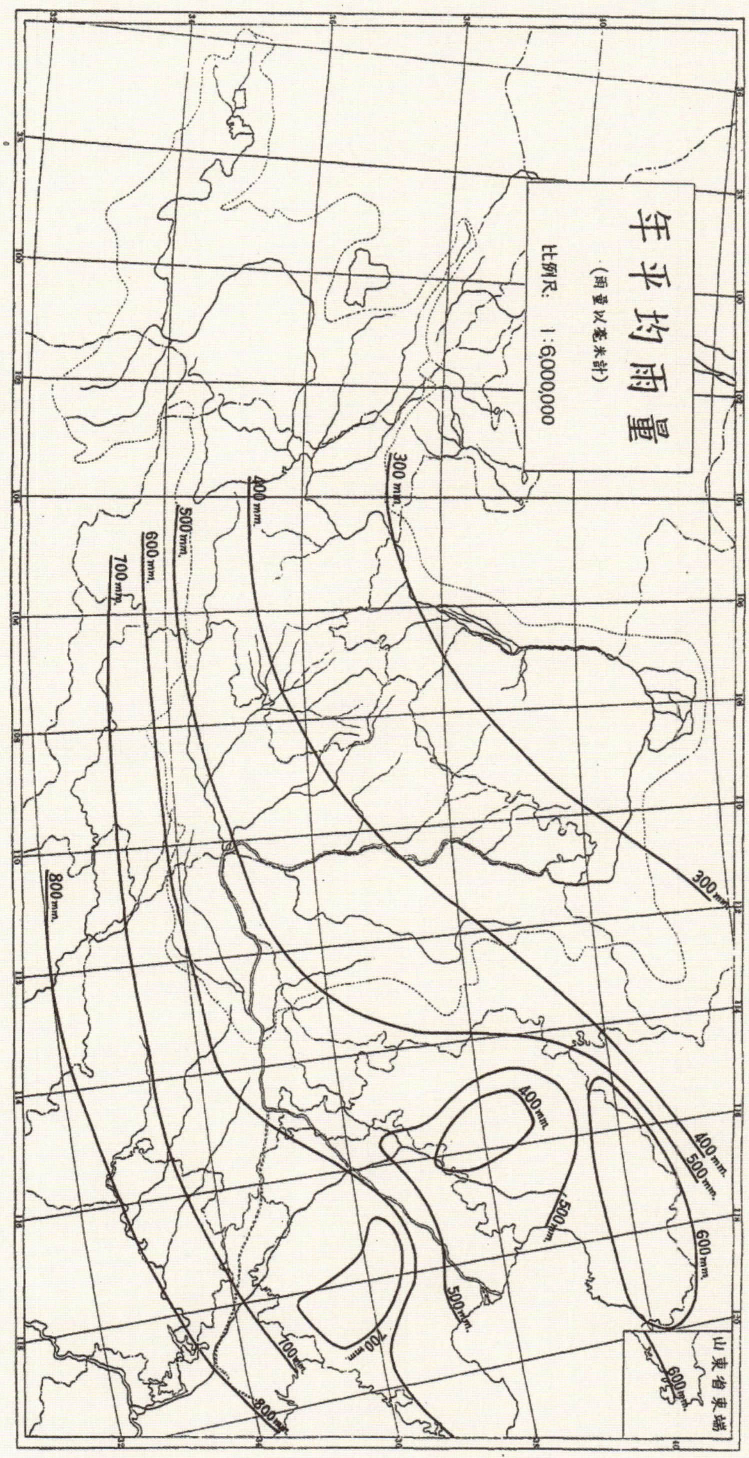
年平均雨量
（雨量以毫米計）
比例尺: 1:6,000,000
山東省東端
300 mm.
400 mm.
500 mm.
600 mm.
700 mm.
800 mm.

又以各月之比例言之，北平七月一個月之雨量，計達二百五十六毫米，佔全年總量之百分之四十，又七八兩月之總量計達四百毫米，佔全年總量百分之六十三。

又如開封七月間之雨量，計達一五八毫米，佔全年總量之百分之三十，又七八兩月之雨量，計達三〇九毫米，佔全年總量之百分之五十六。

又如濟南七月一月之雨量計一九五毫米，佔全年總量之百分之三十一，又七八兩月之雨量計達三七四毫米，佔全年總量之百分之六十。

西安之雨量以八月間爲最多，八月間之雨量計一〇三毫米，佔全年總量之百分之二十，又七八兩個月之雨量，計一七八毫米，佔全年總量之百分之三十四。

河套二十四頃地與薩拉齊之記載，亦均以七月爲最多，二十四頃地之七月雨量，計當全年總量之百分之二十九，又其七八兩月之總量，計當全年總量之百分之五十二，薩拉齊七月間之雨量，計佔全年總量之百分之三十二，又七八兩月總量計佔全年總量之百分之五十。

由此可知黃河流域之雨量，各地均集中於夏季，而尤以七八兩月爲最多，全河上下流均於此時同時降雨，亦卽各地將於同時漲水，排洩苟有不及，於是漫溢潰決之災，乃隨之而生；反是其他各季，連月不雨，乃又極易釀成旱災，各地春季雨量之缺乏，尤爲穀物生長之極大障礙。

第六節　雨量之變率

上節所舉各地雨量之數字乃指多年觀察之平均數字而言。實則黄河流域之水旱頻仍，不僅在於年平均雨量之稀少與過於集中於夏季各月，而尤在於其歷年變率之巨大。變率者各年雨量之或多或少對於歷年平均數相差之百分數也。例如北平，根據六十二年雨量記錄加以平均，其年量爲六三五毫米，六十二年中計一八九三年降雨最多，達一〇八四毫米，即超過平均量達百分之七十，當一八九一年全年雨量僅一六八毫米，計少於平均年量達百分之七十三；此種變率之大實爲世界所罕有，此最大量與最小量之比例約達六·五倍之多，易言之，即最旱年之雨量僅爲最潦年之雨量之六·五份之一而已。

如以濟南爲例，十七年間之平均量爲六二九毫米，其最大量爲一〇二〇毫米，最小量爲三四六毫米。

開封十一年間之記錄，其平均量爲五三〇毫米，其最大量爲一一二〇毫米，最小量爲三五一毫米。

綏遠二十四頃地十二年間之平均量爲三三六毫米，最大量爲四三五毫米，最小量爲一七〇毫米。

薩拉齊十年間之平均量爲三五一毫米，最大量爲六二二毫米，最小量爲二三五毫米。

以歷年之平均變率而言，大抵雨量較豐之區，其平均變率較小，雨量較嗇之區，平均變率較大。黄河流域年平均雨量在五百毫米以上者其平均變率約在百分之三十以下，年平均雨量在五百毫米以下者其平均變率約在百分之三十以上。如青島之平均變率爲百分之二十三，塘沽之平均變率爲百分之三十，北平爲百分之三十二，開封爲百分之三十一。

雨量變率對於水旱災之影響，不僅在於年雨量而尤在於月雨量。通常雨量之分配既集中於夏季各月，因此夏季雨量變率之大小，乃尤爲水旱災之所係。例如北平七月間之平均雨量爲二五六毫米，當一八九〇年，其七月一個月之雨量乃達八二五毫米，計達平均量之三倍有餘，較諸年平均量尚超過一七〇毫米，是年全年雨量計共九九二毫米，其七月一個月之雨量實當是年全年總量之百分之八十三。

北平七月雨量最少者當推一八七七年，僅四七毫米，計當七月平均量之百分之十八，是年八月雨量特多，計得二三九毫米，故全年總量尚達四九一毫米；惟降雨時間特遲，對農事不免有巨大之影響。

北平當一八九一年大旱，全年雨量僅一六五毫米，是年七八兩月之總量，亦僅一二四毫米，計當歷年七八兩個月之平均總量之百分之三十一。

濟南當一九二一年雨量最大，計達一〇二〇毫米，是年七月雨量計四一八毫米，八月雨量三六三毫米，兩個月之總數計七八一毫米，超過年平均量達一五二毫米，計當最旱年全年總量之二倍以上。七月雨量最少者爲一九一九年，僅七八毫米，是年七八兩月總量僅一九一毫米。一九一六年七八兩月雨量最少，共一六三毫米，惟是年六月雨量達一一六毫米，九月雨量達一五五毫米，均在平均數之上。

又以二十四頃地爲例，一九二〇年雨量特多，計四三五毫米，是年降雨特早，六月份計降一八七毫米，超過六月份之平均數達四倍之多；是年七月降雨三六毫米，八月二八毫米，則又均遠在平均數之下，僅當平均數之三分之一而已。

第七節　雨日

黃河流域雨日多少之分布，與雨量分布同。大致東南部較多，西北部較少（參看等雨日線圖），青島殆爲全區雨日最多之地，根據三十六年之統計，其全年平均雨日爲八六·九日，約計每四日可有雨日一次，其各月之分配，約與雨量同，以七月爲最高，計一四日，八月次之，計一二日，六七八三月合計共三五日，計當全年總量之百分之四十，其集中程度較次於雨量（夏季雨量計佔全年總量之百分之五十六）。

河北平原之南部，雨量特少，雨日亦特少。 如深澤，據五年之平均，全年僅二七日，獻縣據七年之平均，全年僅二八日；天津據四十一年之平均，全年計有雨日四十六日，北平左近雨量特多，雨日亦特多，根據三十一年之平均，全年計六五·八日，西灣子雨日亦高，計達九十日，是皆感受地形之影響。

開封位於適中地帶，其年平均雨日計五十六日，渭河平原在西北爲一多雨之區，西安之雨日乃達七十六日，太原之雨日爲五十二日，較高於河北平原之南部；惟由此再趨西北，雨日乃漸少，如二十四頃地僅四十一日，薩拉齊三十八日，歸化三十六日；再趨西北吾人僅有寧夏三道河之記錄，依三年之平均，計得雨日每年二十九日，較之青島僅得三分之一，全年平均須十三日方有一日下雨，三年之中，計一九二三年全年爲二十九日，一九二四年全年爲三十三日，一九二五年全年爲二十四日；三年平均，計七月爲五·六日，八月爲七·三日，六七八三月共數爲一五·二日，計當全年總雨日之百分之五十二强（見附表四各地雨日記錄）。

第八節 暴雨

凡降雨時期在夏季者，往往多屬暴雨，來勢既驟，降雨復豐。 每當低氣壓逗留不進之期，能於一二日之內降雨達數百毫米，其量可以超過夏季全季之雨量，當此之時，河水排洩不及，於是漫溢泛濫之災，往往隨之而生。

依現有記錄，黃河流域最高之暴雨記錄當推河北之紫金關。該地於一九二二年七月二十三日一日之中得雨三七二毫米，二十二日至二十四日三日之間共降雨六一三毫米（見華北水利月刊七卷十一十二期徐世大華北之雨量研究）其量約與北平全年平均雨量相當，臨銘關於一九二四年七月十五至十七日三日之間降雨亦達五九五毫米，是皆受地形影響，致有如此高量之暴雨。

北平於一八八三年七月二十九日一日之間曾降雨達二二五毫米，計當其全年平均總量之三分之一，與七月間平均雨量約相當（七月平均二五六毫米。）清苑一日中最大雨量曾達二四九毫米，殆超過其七月間之平均雨量，三家店一日中最大雨量曾達二六五毫米，邢臺（即順德）一日間最高雨量曾達三〇七毫米，三日間總量達四六二毫米（一九二四年七月十五至十七日。）河南安陽（即彰德）一日間最高雨量曾達二六四毫米，約當其全年平均雨量之半數，當一九二三年八月九日至十一日三日之間，共降雨四六四毫米，約當其全年平均雨量之百分之八十四。開封一日間最高雨量達二〇〇毫米，三日間最高雨量達三六四毫米（一九二六年八月四日至六日。）

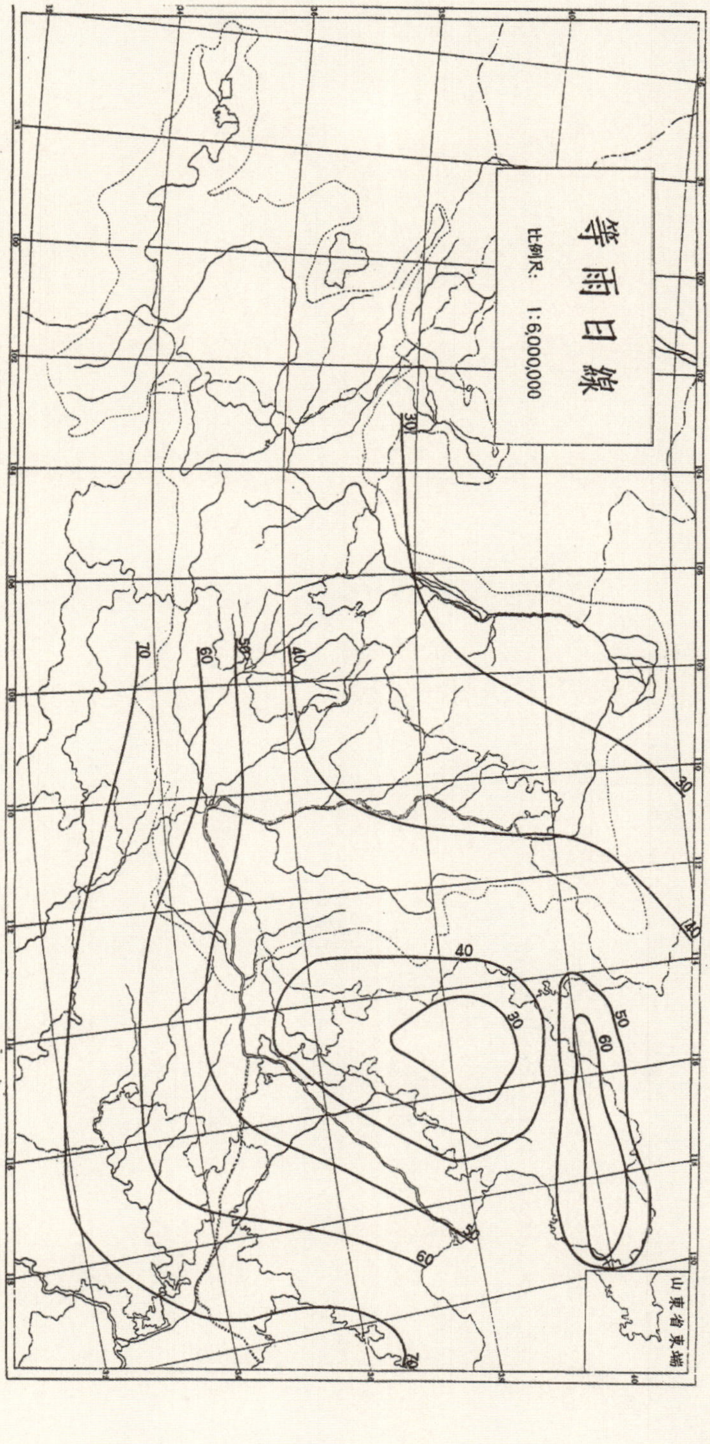
等雨日線
比例尺: 1:6,000,000
山東省東端

西北少雨之區，其暴雨量之高，亦不減於此。如西灣子全年平均雨量僅三五〇毫米，而一日間最大量達一二三毫米，約與七八兩月之平均雨量相當。張家口之年平均雨量僅三三九毫米，而一日中最大暴雨乃達一二〇毫米。綏遠之薩拉齊年雨量僅三五二毫米，而一日間最大暴雨達一三七毫米由此可見黃河水位與流量所以驟漲驟落者，所受暴雨之影響固極重要也。

第三章　溫度

第一節　大陸性之發達

中國位於歐亞大陸之東岸，大陸性異常發達；黃河流域之緯度與歐非間之地中海區域相當，惟二者之氣候情形，則大相逕庭，地中海區域海洋性異常發達，而黃河流域則大陸性異常發達，地中海區域係冬季降雨，而黃河流域則夏季降雨，地中海區域冬溫而夏熱，黃河流域則冬寒而夏熱。

葡萄牙京都里斯本之緯度與北平甚相近，北平之緯度爲北緯三十九度五十四分，里斯本之緯度爲三十八度四十二分，里斯本之緯度較北平僅低一度，里斯本之年平均溫度爲一五・三度，冬季以一月溫度爲最低，計九・六度，夏季以八月溫度爲最高，計二一・二度，春季四月溫度爲一三・六度，秋季十月溫度爲一六・四度，其年較差卽最高月與最低月溫度之相差爲一一・六度，秋季十月溫度計較春季四月溫度高出二・八度。

北平之年平均溫度爲一一・八，計較里斯本低三・五度，一月溫度在各月中最低，爲負四・六度，較里斯本低一四・二度，七月溫度在各月中最高，爲二六・一度，計較高於里斯本之八月溫度達四・九度，北平之年較差卽最高月與最低月之相差爲三〇・七度，計較里斯本之年較差大一九・一度，北平之四月溫度爲一三・七度，十月溫度爲一二・六度，計四月較高於十月一・一度，與里斯本之十月較高於四月者相反。 依氣候學原理，凡屬大陸性氣候年較差必大，春季溫度必較高於秋季溫度；普通計算大陸性之方法，卽以緯度除溫度之年較差。 如北平之緯度爲三十九・九度，溫度年較差爲三〇・七度，以緯度除較差，卽得大陸度爲百分之七十七；里斯本之緯度爲三八・七度，溫度年較差爲一一・六，其大陸度爲百分之三十而已。 茲將北平里斯本以及北緯四十度各地各月平均溫度列表如下：

地名	緯度	一月溫度	四月溫度	七月溫度	十月溫度	年平均	年較差	大陸度
北平	三九・九	負四・六	一三・七	二六・一	一二・六	一一・八	三〇・七	七七
里斯本	三八・七	九・六	一三・六	二一・二(八月)	一六・四	一五・三	一一・六	三〇
北緯四十度		五・五	一三・一	二四・〇	一五・七	一四・一	一八・五	四六

由此可見里斯本爲極端海洋性之代表，而北平乃極端大陸性之代表也。

青島緯度較低，地復濱海，感受相當海洋性之影響，然其溫度情形，仍頗極端。 美國之舊金山亦具有地中海氣候，舊金山位於北緯三七・八度，青島位於北緯三六・一度，舊金山冬季以二月溫度爲最低，計九・七度，夏季以九月溫度爲最高，計一五・二度，青島冬季以一月溫度爲最低，計負一・二，夏季以八月溫度爲最高，計二五度，舊金山之年較差卽最高月溫度與最低月溫度之相差爲五・五度，青島之年較差則爲二六・二度，青島冬季溫度計低於舊金山一〇・九度，夏季溫度計高於舊金山九・八度，年較差計大於舊金山二〇・七度，試以緯度除較差，卽青島之大陸度爲百分之七十三，舊金山之大陸度百分之十五而已。

第二節　年平均溫度

黃河流域之溫度測站遠較雨量測站爲少；山西省之記錄較多，惟大多僅有三五年之記錄，時期過短，數字亦不甚可信。根據現有記錄，試擬一等溫線圖（暫未訂正爲海平面溫度）則年平均溫度均自南趨北而漸降。如濟南爲一四・六，北平乃降至一一・八，山東半島之東部受海洋影響，年平均溫度稍低；故如青島年平均溫度爲一一・九，察綏一帶地形既高天氣益寒，如察哈爾之西灣子，年平均溫度僅八度，綏遠之二十四頃地，年平均溫度僅五・四度。（見附表五各地溫度記錄）

第二節　一月溫度

年平均溫度有時殊不能代表各地溫度之真實性，因取各月溫度相互平均，則其最高最低之實況如何，將爲平均數字所隱蔽。故吾人敍述各地溫度最好能以最高最低溫度分別言之。通常一年中各月溫度多以一月爲最低，凡大陸性發達之區，尤少例外，故通常多以一月溫度爲冬季溫度之代表。

黃河流域位於蒙古高原之南，冬季因受西伯利亞高氣壓之影響，故風向多自北來，因此溫度乃異常低下，黃河流域一月等溫線之分布大體與緯線平行，惟在北部則略作西南東北向，等溫線之密度以山西北部察綏南部爲最大，是殆感受地形之影響。

零度等溫線約位於緯線三十四至三十五度之間，易言之，卽黃河流域全部一月平均溫度俱在冰點以下。如青島一月平均溫度爲負一·二度，天津爲負四·一度，北平爲負四·六度，西灣子爲負一一·三度，二十四頃地爲負一五·一度，計自青島至二十四頃地緯度相差約五度，而溫度相差達十四度，西灣子與二十四頃地一月溫度如此之低，一半固由於其緯度較北之故，一半亦由於高度之影響，二地之高度均約在一千至一千一百米之間。

第四節　七月溫度

七月爲一年中溫度最高之月，黃河全域僅青島、成山頭、芝罘、大沽等極少數地點受海洋之影響，其全年最高溫度乃在八月，餘則多在七月。　黃河流域七月等溫線之分布與一月間情形頗有不同（參閱附圖七月一月等溫線）：第一，七月等溫線不若一月等溫線之密。　第二，等溫線多自西南趨東北，惟至沿海附近則折而趨東南行；例如濟南七月溫度爲二十九度，北平爲二十六度，二十四頃地爲二二·七度，二十四頃地與濟南緯度相差約四度，溫度相差七度，二十四頃地高度約一千米，如訂正之爲海平面溫度，則與濟南溫度相差殊微耳。

一月間等溫線密，卽南北溫度之差別大，七月間等溫線稀，卽南北溫度之差別小。

當七月間，沿海一帶因受海風調和，其溫度反較內陸爲低。　例如青島七月溫度爲二三·四，濟南爲二九·一，相差幾有六度之多。　大名溫度達二八·八度，陝西通遠坊之溫度則更高達三十度，是爲黃河流域夏季最熱之地。　又如天津七月溫度爲二六·一度，而位於天津西南僅一百五十仟米之張家莊乃達二八·一度，後者高於前者達二度之多。

第五節　冬夏較差

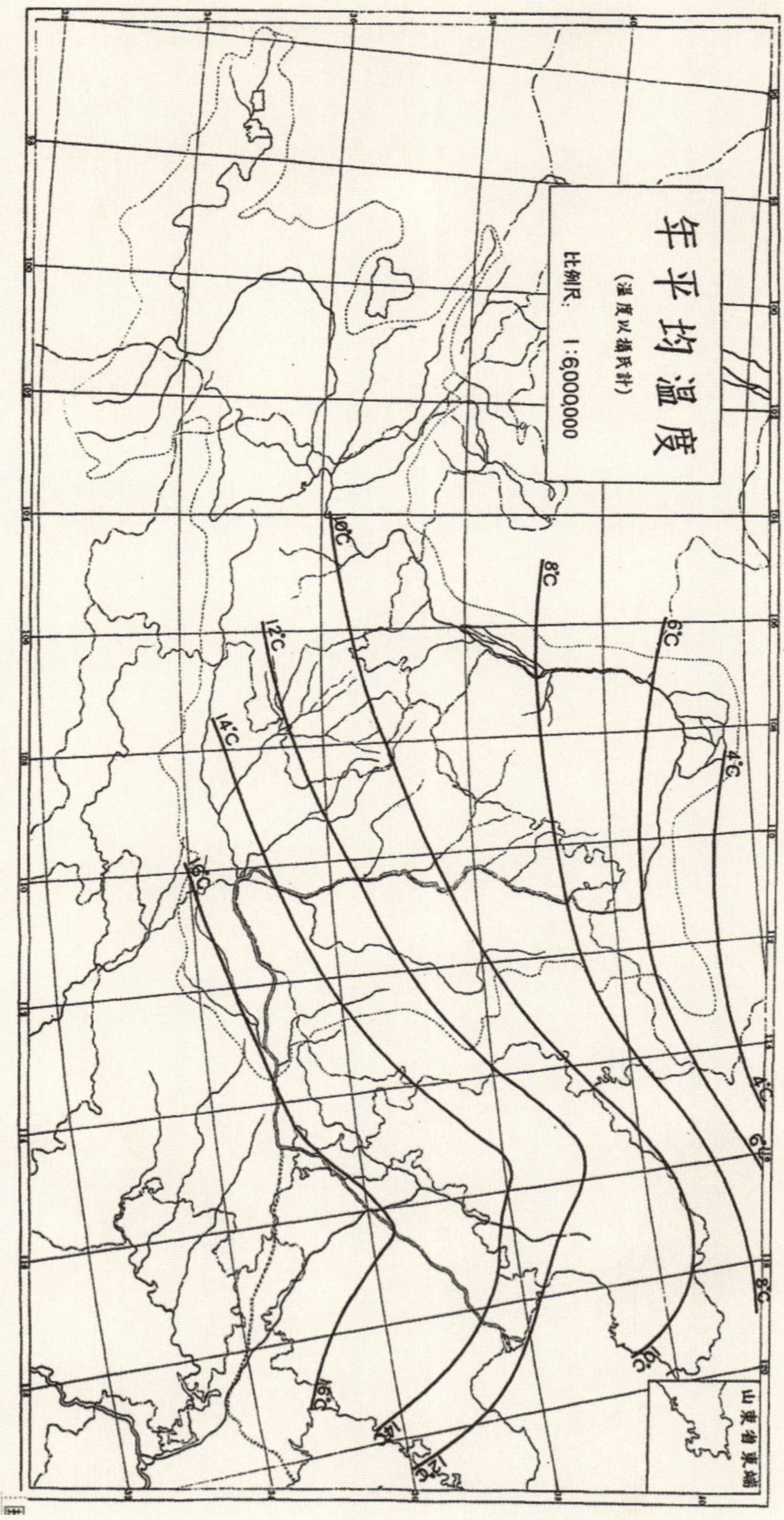
年平均溫度
(溫度以攝氏計)
比例尺: 1:6,000,000
山東省東端
4°C
6°C
8°C
10°C
12°C
14°C
16°C

一地冬夏溫度較差之大小，卽爲其地大陸發達與否最顯著之代表，此義前已言之。黃河流域各地大陸性既極發達，故其冬夏溫度較差均較其他同緯度各地爲大。

北平一月溫度爲負四·六度，七月溫度爲二六·一度，年較差爲三〇·七度，大陸度百分之七十七。青島一月溫度爲負一·二度，八月溫度二五度，年較差爲二六·二度，大陸度百分之七十二。惟如二十四頃地之一月溫度爲負一五·一，其七月溫度爲二二·七，故其年較差爲三七·八，大陸度乃達百分之九十三。

第六節　各月溫度與四季長短

青島各月平均溫度其在冰點以下者，計有一二兩月，其在二十度以上者，計有七八九三個月，四月溫度爲一〇度，十月溫度爲一五·七度，十月高於四月，卽秋季溫度高於春季，足見其地頗受海洋之影響。

北平各月平均溫度，其在冰點以下者，計有一二三三個月，其在二十度以上者，計有五六七八四個月，北平地位雖在青島之北，不特其夏季溫度之高在青島之上，卽其夏季之時間亦較青島爲長。

根據張寶堃君之研究（中國四季之分配，見地理學報創刊號中國地理學會出版）試以每候（五日爲一候）平均溫度十度至二十二度爲春秋二季之標準，卽以每候平均溫度在十度以下者爲冬季，二十二度以上者爲夏季，則青島夏季之長，僅有六十五日，自七月五日開始至九月七日終了。北平夏季之長計有一〇五日，自五月二十六日卽開始至九月七日方終了。

西安各月溫度僅一月在冰點以下，其月平均溫度在二十度以上者計有五六七八九各月，共五個月，因此不特其夏季溫度之高爲黃河流域各地之冠，卽其夏季之長，黃河流域其他各地，亦鮮有可與倫比者。 如以每候平均溫度二十二度爲夏季最低溫度，則西安夏季之長共一百十日。

二十四頃地月平均溫度在冰點下者計有四個月，其冬季之長達一百九十五日，計自十月八日開始，及次年四月二日方始終了，計佔全年日數之半數以上，其夏季之長僅有三十日，計自七月十五日至八月十三日，其餘春季約八十五日，秋季約五十五日。

茲列黃河流域各地四季長短與始終日期如下：

地名	緯度 N.	經度 E.	高度 M.	春			夏			秋			冬		
				始	終	日數	始	終	日數	始	終	日數	始	終	日數
				月日	月日		月日	月日		月日	月日		月日	月日	
徐州	34°18′	117°19′	3.5	4.1	5.30	60	5.31	9.17	110	9.18	11.11	55	11.12	3.31	140

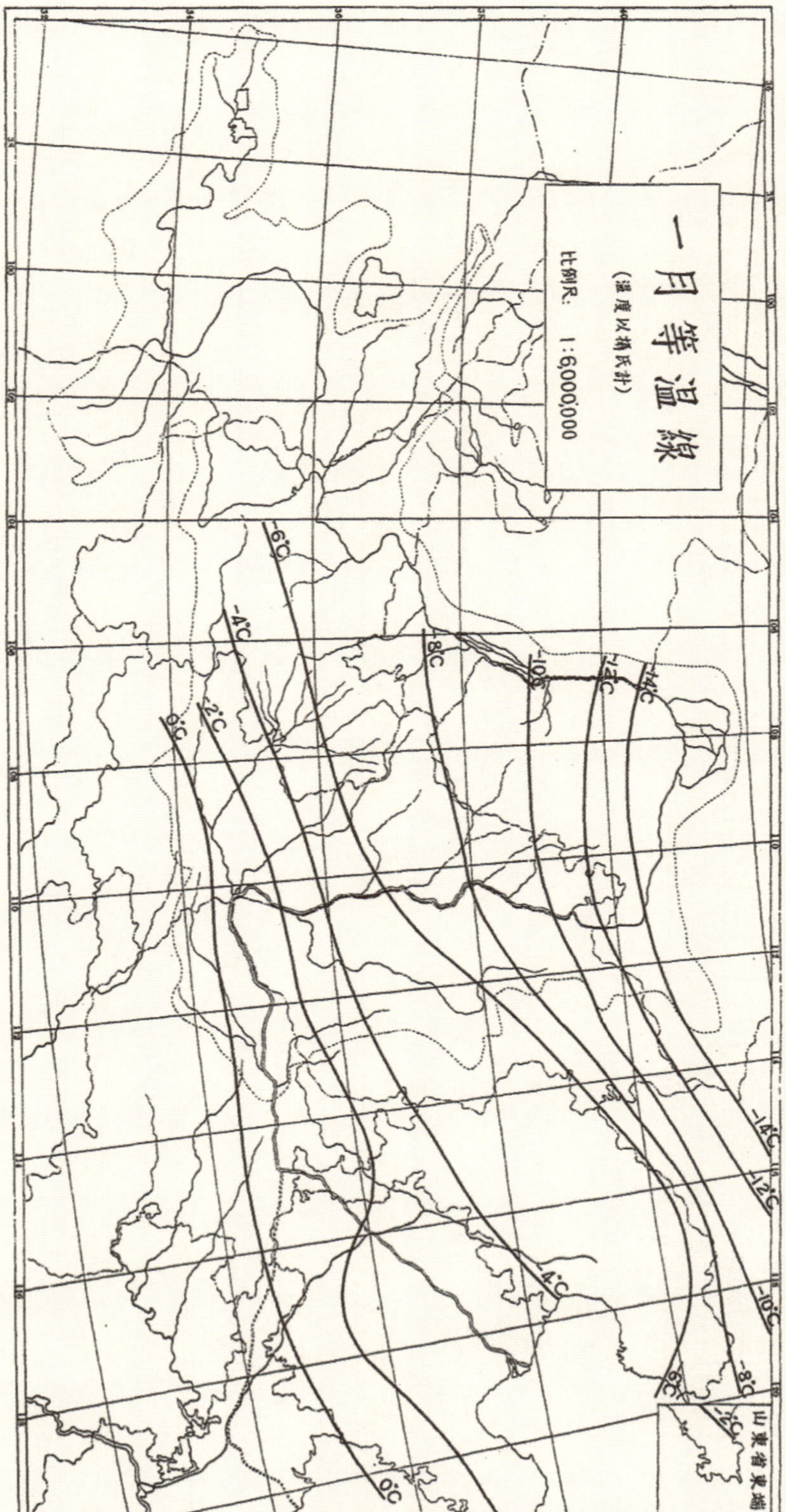
一月等溫線
(溫度以攝氏計)
比例尺：1:6,000,000
山東省東端

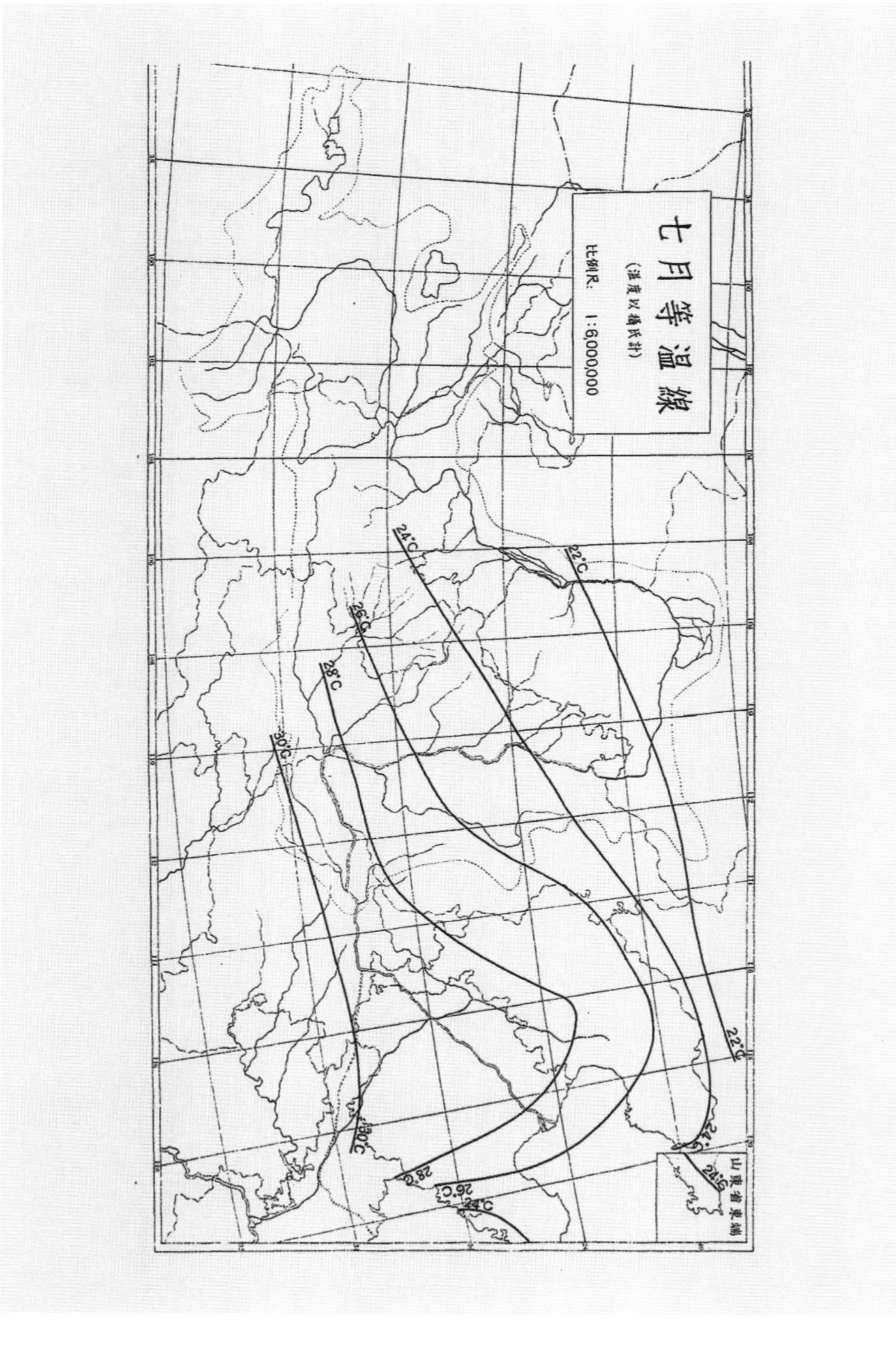
七月等溫線
（溫度以攝氏計）
比例尺：1:6,000,000
22°C
24°C
26°C
28°C
30°C
山東省東端

西　安	34°24′	108°50′	395.0	3.22	5.20	60	5.21	9.7	110	9.8	11.1	55	11.2	3.21	140
開　封	34°51′	114°33′	115.0	4.1	5.30	60	5.31	9.17	110	9.18	11.11	55	11.12	3.31	140
蘭　州	36°03′	103°48′	1556.0	4.16	6.9	55	6.10	8.23	75	8.24	10.7	45	10.8	4.15	190
靑　島	36°04′	120°18′	78.6	4.11	7.4	85	7.5	9.7	65	9.8	11.6	60	11.7	4.10	155
大　名	36°18′	115°18′		4.6	5.15	40	5.16	9.12	120	9.13	11.6	55	11.7	4.5	150
濟　南	36°45′	117°08′	49.0	4.1	5.10	40	5.11	9.17	130	9.18	11.11	55	11.12	3.31	140
琅琊島	36°54′	122°32′	12.5	4.26	7.19	85	7.20	9.9	50	9.8	11.11	65	11.12	4.25	165
成山頭	37°24′	121°42′	53.9	4.26	7.19	85	7.20	9.12	55	9.13	11.11	60	11.12	4.25	165
芝　罘	37°33′	121°22′	3.0	4.6	6.9	65	6.10	9.7	90	9.8	11.6	60	11.7	4.5	150
太　原	37°54′	112°31′	805.0	4.1	5.30	60	5.31	8.18	80	8.19	10.17	60	10.18	3.31	165
涼　州	38°04′	102°46′		4.6	7.9	95	7.10	8.13	35	8.14	10.12	60	10.13	4.5	175
猴　磯	38°04′	120°39′	89.6	4.16	7.14	90	7.15	9.7	55	9.8	11.6	60	11.7	3.31	160
張家莊	38°21′	116°14′	30.0	4.1	5.20	50	5.21	9.12	115	9.13	10.27	45	10.28	3.31	155
保　定	38°53′	115°28′	22.3	4.1	5.20	50	5.21	9.7	110	9.8	10.22	45	10.23	3.31	160
塘　沽	39°06′	117°11′	3.7	4.6	6.4	60	6.5	9.7	95	9.8	11.1	55	11.2	4.5	155

天津	39°09′	117°11′	5.0	4.6	6.4	60	6.5	9.7	95	9.8	11.1	55	11.2	4.5	155
北平	39°54′	116°28′	37.5	4.1	5.25	55	5.26	9.7	105	9.8	10.22	45	10.23	3.31	165
薩拉齊	40°36′	110°30′	1025.0	4.31	7.14	85	7.15	8.13	30	8.14	10.7	55	10.8	4.02	195
西灣子	40°58′	115°18′	1167.0	4.16	7.4	80	7.5	8.3	30	8.4	10.12	70	10.13	4.15	185
松樹嘴子	41°23′	120°50	100.0	4.16	6.14	60	6.15	9.2	80	9.3	10.17	45	10.18	4.15	180

第七節　最高最低溫度

上文以一月溫度爲冬季溫度之代表，七月溫度爲夏季溫度之代表；惟此一月或七月之溫度，仍係一月或七月全月各日之平均數字並經歷年記錄之平均者，故亦不能代表各地寒冷與炎熱之極端程度。

一地自有記錄以來所獨有之嚴寒與酷暑，是爲其地絕對最高或絕對最低溫度。

例如青島絕對最低溫度之記錄，發生於一九一七年一月，最低溫度爲負一五・四，其絕對最高溫度之記錄發生於一九〇八年之八月，其最高溫度爲三五・六度，天津之絕對最低溫度爲負一八・七度，絕對最高溫度爲四一・九度，其最高最低之數，乃較青島尤爲極端。

二十四頃地位於套外，北風凜烈，氣候異常寒冱，其絕對最低溫度爲負三十五度，其絕對最高溫度爲三十七度，二十四頃地之絕對最低溫度，亦爲黃河流域現有記錄中之最低溫度。

渭河流域僻處內陸，溫度極端，夏季溫度尤爲炎熱。 通遠坊之絕對最低溫度爲負一二度，其絕對最高溫度爲四四度，其絕對最高爲黃河流域現有記錄中之最高者，亦我國罕有之最高記錄也。

第八節 每日溫度較差

一月溫度與七月溫度之差數，爲每年溫度較差，或稱溫度年較差；一日間最高最低溫度之較差，曰每日溫度較差，亦曰溫度日較差。 大凡大陸性發達之區，其溫度年較差大者，其溫度日較差亦必大。例如青島之平均日較差以七月爲最小，計五·一度，十月爲最高，計七·八度（據一九〇〇至一九二七年之統計，見蔣丙然著青島之溫度。） 北平之平均日較差以八月爲最小，計九·三度，五月爲最大，計一三·三度（據一九一五至一九二四年之統計，見黃廈千著北平之氣候，載地理雜誌三卷一期。） 二十四頃地之平均日較差以一月爲最小，計七·二度，五月爲最大，計一六·二度。松樹嘴子之平均日較差以一月爲最小，計九·四度，五月爲最大，計一六·三度。 以我國一般情形而論，日較差最大者多在秋春兩季，夏冬兩季日較差反略小；又沿海之區，日較差較小，而內陸之區則日較差較大，凡內陸沙漠之地，一日而兼備四季氣候，是即溫度日較差過大之故。 茲列黃河流域各站各月平均日較差如下：

黄河流域各站各月平均日較差表

站名	一月	二月	三月	四月	五月	六月	七月	八月	九月	十月	十一月	十二月	全年平均
茂明安	一〇・四	一一・八	一一・二	一〇・六	一一・六	九・一	八・八	八・〇	一三・一	一三・六	一一・五	八・九	一〇・六
松樹嘴子	九・四	一六・四	一四・六	一六・二	一六・三	一四・六	一三・七	一三・四	一五・〇	一四・九	一三・四	一五・四	一四・五
南濠塹	七・九	一六・〇	一五・二	一三・七	一四・四	一三・四	一〇・〇	一五・〇	九・五	一四・五	一三・八	一五・三	一五・一
西灣子	一一・九	一三・九	八・九	七・三	六・九	七・四	六・六	七・六	七・六	九・六	九・四	一〇・九	八・九
二十四頃地	七・二	一三・九	一三・〇	一五・三	一六・一	一五・四	一三・九	一一・五	一三・五	一三・六	一一・六	一三・七	一三・〇
秦皇島	八・七	八・八	七・八	七・九	八・二	七・〇	六・〇	六・九	九・三	九・五	八・五	八・七	八・一
長辛店	七・五	一三・〇	一三・二	一三・〇	一四・八	一四・三	一一・二	一一・二	一四・〇	一三・九	一三・六	一三・五	一三・六
天津	九・五	一〇・一	一〇・九	一三・五	一三・五	一一・五	九・二	八・四	九・四	九・八	九・三	九・一	一〇・三
塘沽	一〇・八	一〇・五	九・八	一一・二	一三・二	一〇・三	九・四	八・〇	九・二	一〇・一	九・八	九・九	一〇・一
猴磯	三・二	四・〇	四・七	二・七	六・五	五・八	五・〇	四・四	四・三	四・四	四・〇	三・八	四・四
松樹嘴莊	八・二	八・六	九・四	九・五	一〇・六	一〇・二	八・八	九・三	八・三	八・九	九・〇	九・〇	九・一

黃縣	芝罘	成山頭	瑯琊島	大名	青島	太康	北平
六·六	六·六	四·四	五·一	五·七	六·八	九·一	一二·三
九·四	九·五	四·七	五·一	六·八	七·〇	九·〇	一〇·七
一一·四	七·〇	四·七	五·二	六·八	七·一	一五·二	一三·〇
一五·八	九·五	五·二	五·四	八·二	七·〇	一三·二	一三·〇
一六·五	一〇·四	五·六	五·五	九·五	七·一	一〇·三	一三·三
一四·一	九·四	五·一	五·六	七·七	六·六	七·六	一三·八
一三·一	七·五	四·四	五·〇	六·七	五·一	七·三	九·八
一一·〇	六·九	四·一	四·九	五·四	六·二	八·〇	九·三
一三·一	七·七	八·一	五·五	五·四	七·三	七·九	一〇·九
一四·九	八·四	四·七	五·九	六·〇	七·八	一〇·二	一三·一
九·二	七·七	四·八	五·四	六·七	七·六	一三·〇	一一·四
一一·五	六·四	四·四	五·四	六·五	六·七	九·九	一〇·〇
一三·一	八·一	五·〇	五·三	八·一	六·九	九·九	一一·五

第四章　濕度・雲量・蒸發・陰晴

第一節　濕度

空中所含濕分，通常多以溫度高時爲多，溫度低時爲小，惟此係指絕對濕度言之，相對濕度之多寡，往往與溫度成反比例，卽溫度高時相對濕度小，溫度低時相對濕度大。我國因夏季風乃自海上吹來；冬季風則自陸上吹向海上，因此夏季空氣異常潤濕，而冬季空氣極爲乾燥，故絕對濕度與相對濕度均以夏季爲最高，冬季爲最小。

黃河流域全境，如以年平均之相對濕度言之，則以東南部爲最高，西北部爲最低。例如海州西連島之年平均相對濕度爲百分之七十八，青島爲七十三，北平爲六十二，太原爲五十七。

相對濕度之各月分配，均以夏季爲特高，冬春爲特低。例如青島之最高月平均數在七月，計得百分之八十九，其六七八三個月且均在八十以上，最低月平均數在十一月，僅百分之六十四，自十月至三月各月均在百分之七十以下。

北平之最高濕度在八月，計得百分之七十七，其在百分之七十左右者，僅有七八九三個月，其餘則俱在百分之六十一以下，最低在四月，僅百分之五十而已。

太原之最高濕度在八月，計得百分之六十七，全年計有九個月在百分之六十以下，最低在三月，僅百分之四十八而已。

附全國各地相對濕度表

各地相對濕度表（單位%）

站號	地名	一月	二月	三月	四月	五月	六月	七月	八月	九月	十月	十一月	十二月	全年	記錄年份	來源
魯	芝罘	71.9	70.8	65.2	62.6	69.0	72.9	82.9	83.2	74.7	68.9	68.4	70.1	71.7	1905—1926 1928—1932	36 1,2.
	成山頭	71.2	71.0	72.0	74.8	77.0	84.7	93.7	86.4	72.6	64.7	67.8	74.7	75.8	1928—1932	1,2.
	猴磯島	74.9	74.2	72.6	68.6	72.5	78.3	88.2	86.5	74.3	68.7	69.4	73.1	75.1	1910—1925 1928—1932	36 1,2.
	濟南	55.1	52.5	47.6	47.4	51.7	53.8	69.5	75.8	61.9	53.5	54.5	53.1	56.4	1921—1928 1932—1933	36 1,2.
	青島	69.0	68.2	69.0	70.8	73.8	82.2	89.2	83.7	72.8	65.6	63.8	65.4	72.8	1903—1933	3
晉	太原	50.3	56.1	48.3	55.2	51.0	52.9	65.0	67.2	59.5	57.3	55.4	63.2	56.8	1929—1933	1,2.
冀	北平	60.9	60.3	55.2	50.2	53.8	60.9	75.5	76.8	68.6	60.3	60.7	60.3	61.8	10年平均 1930—1933	36 1,2.
	天津	59.4	56.6	55.1	52.1	54.3	62.4	74.9	76.5	68.7	64.1	60.9	57.9	61.9	1905—1926 1929—1930	36 8
	秦皇島	70.0	71.0	69.2	65.0	69.6	78.3	84.1	80.0	69.4	65.0	63.0	66.8	70.9	1910—1925	36
	塘沽	82.4	81.3	76.2	70.2	71.3	75.0	83.6	83.7	79.6	74.0	79.5	82.5	78.3	1928—1932	1,2.

	保定	61.0	56.1	48.1	45.6	51.9	58.3	74.2	80.4	68.5	59.1	58.1	69.6	60.9	1929—1933	1,2
陝	延安	71.8	69.1	62.2	63.5	63.7	57.7	68.7	78.6	77.9	75.1	78.2	71.8	69.7	1921—1931	36
甘	蘭州	80.3	67.5	50.0	51.8	46.9	52.1	68.2	65.0	64.2	74.3	69.6	77.3	63.9	1933	19
肅	涼州	82.0	77.0	68.0	69.7	64.7	61.5	71.8	73.4	64.0	63.7	67.8	76.7	69.9	1928—1931	38
	[illegible]	81.9	84.1	77.0	88.2	82.2	71.7	80.8	81.7	82.0	70.2	66.8	74.9	78.0	1921—1928	38

第二節　雲量

一地雲量之多寡，多視相對濕度而定，故雲量之分布，殆與相對濕度之分布略同。長江流域以南，年平均雲量多在六以上，黃河流域則多在五以下。如青島年平均雲量爲五，北平爲四·六，太原乃僅二·七。

雲量各月分配，黃河流域與長江流域以南頗有不同。長江流域以南，雲量以冬季爲大，夏季則較清朗；黃河流域則冬季異常乾燥，雲量極小，夏季則因甘雨時降，雲量較大。例如青島全年雲量以七月爲最高，計得六·八，雲量在五以下者有五個月之久，十一月爲最低，僅得三·七。青島日照時間之比例，以十月爲最高，計得百分之七十一，易言之，卽是月晝間日光照射之時，僅有百分之二十九之時間爲雲翳所蔽而已（據民國十三年至二十二年之記錄，載青島市觀象臺十週紀念册。）

北平最高雲量在六七八各月，均爲六・二，其他除四五兩月外，俱在四・五以下，最低爲一月，僅二・六而已。

太原最高雲量在七八兩月，均爲三・九，其他除六月外，均在三以下，最小在十一月，僅一・三而已。

附全國各地各月雲量表

各地雲量表

站號	地名	一月	二月	三月	四月	五月	六月	七月	八月	九月	十月	十一月	十二月	全年	記錄年份	來源
魯	青島	4.3	4.5	5.1	5.4	5.6	5.5	6.8	6.0	5.1	4.0	3.7	4.1	5.0	1903—1933	3
	芝罘	4.2	4.9	4.4	4.7	4.5	4.6	5.1	5.3	3.7	3.8	4.0	4.9	4.5	1928—1933	1,2.
	成山頭	5.5	5.2	5.0	5.3	4.3	5.8	6.0	5.8	4.3	4.6	4.8	5.7	5.2	1928—1933	1,2.
	劉公島	4.8	4.6	4.4	5.3	4.5	4.9	4.9	5.5	4.1	4.1	4.1	5.2	4.7	1928—1933	1,2.
	濟南	3.1	3.5	3.8	4.7	4.3	5.3	5.3	5.5	4.6	3.5	2.8	4.3	4.2	1932—1933	1,2.
冀	北平	2.6	4.0	4.2	5.8	5.2	6.2	6.2	6.2	4.3	3.1	3.3	4.0	4.6	1930—1933	1,2.
	塘沽	2.8	3.6	3.4	3.3	3.4	4.1	4.1	3.8	3.0	2.7	2.3	3.4	3.3	1931—1933	2.
	保定	3.6	4.0	3.8	5.2	4.7	5.7	5.6	5.8	3.6	2.4	2.9	4.3	4.3	1929—1933	1,2.
甘	蘭州	5.3	5.2	6.2	6.5	6.2	5.7	6.0	4.3	4.8	5.4	2.4	2.6	5.0	1933	19

晉 太原	2.0	2.7	2.8	2.5	2.7	3.2	3.9	3.9	2.4	1.9	1.3	2.1	2.7	1929—1933	1,2.
陝 長安	4.6	5.7	6.7	6.6	6.7	5.5	6.3	5.5	6.3	6.9	4.8	5.7	5.9	1932—1933	18,
豫 開封	3.5	4.6	4.5	5.2	5.8	4.5	4.5	3.9	4.1	4.7	3.0	4.6	4.4	1932—1933	1,2.

第三節　蒸發

一地蒸發量之多寡與溫度雲量風力濕度日照均有關係；黃河流域氣候乾燥，其每年總蒸發量殆多在每年總降水量之上。例如青島之降水量為五五四・八毫米，而全年在陰影下之蒸發量即達七一〇・三七毫米（見青島市觀象臺十周紀念册）其各月分配計有二次高峯，一在五月，一在九月，其六七八三個月數量較低，蓋因正値雨季之故。北平全年雨量六三五毫米，而蒸發量平均發達九〇六毫米（根據俄使館於一八七五年至一八八四年間之統計，見 Repertorium für Meteorologie Bd. XVII 1894 No. 10.）。茲列青島一九二四至一九三三年之各月各日平均蒸發量如下（單位毫米）：

	一月	二月	三月	四月	五月	六月	七月	八月	九月	十月	十一月	十二月	全年總量
各月平均	三八・七五	三八・五九	五六・四二	六五・七〇	六九・七五	五八・四〇	三八・七五	五九・三二	八二・二〇	八二・一五	六二・四〇	五七・四七	七一〇・三七
各日平均	一・二五	一・三三	一・八二	二・一九	二・二五	一・九五	一・二五	一・四二	二・七四	二・六五	二・〇八	一・三七	

由上可知青島蒸發量全年中以九十兩月爲最多，其次爲五月，夏季各月因屬雨季，蒸發量反見減退，全年蒸發最小則爲一月與七月。

近年以來各地設立蒸發站者日多，據全國經濟委員會民國二十二年之全國雨量報告，則全國現有蒸發站已達百五十處左右，就中大半位於山東境內，山東各縣幾已全體設有測站，其測量方法殆多以蒸發器暴露於日光之下，故其所得數字均遠較上述數字爲高。又蒸發器構造不同，安置處所不同，其結果亦將大有差別，將來如需作一全國各地蒸發量之比較，非採用同一式樣之蒸發器不可。

茲據全國雨量報告摘列若干地方之蒸發量如下（單位毫米）

地名	一月	二月	三月	四月	五月	六月	七月	八月	九月	十月	十一月	十二月	全年
鄄城	二〇·八	五二·二	一一〇·〇	一二三·四	二三〇·六	二〇六·三	二三五·八	一三一·二	一三五·二	九二·七	七九·八	三八·五	一四五六·五
歷城	一〇·〇	五〇·六	五八·九	九五·八	一一九·〇	一七〇·〇	一八九·〇	一二〇·三	一三一·三	一〇四·〇	七八·四	三〇·六	一一五七·九
利津	六一·七	八六·五	一〇八·三	一四八·七	二三二·七	一九九·九	一九三·〇	一四六·六	一三七·三	一三〇·九	九六·一	七七·四	一六二一·一
海陽	七五·一	七六·六	七九·八	七四·〇	一三五·五	一二四·〇	一二一·五	一三五·四	一一五·〇	一三五·五	一一〇·五	七〇·五	一二五五·二

根據上述記錄，例如利津、海陽，全年均以五月爲最高，鄄城六月間蒸發量亦較五月爲小，惟鄄城、歷城則均以七月爲全年最高，此殆由於內陸雲量較少，日照較强之故；又鄄城歷城九月蒸發量均較

八月爲高，海陽則以八月較七月爲高，僅憑一年記錄，此種不規則之現象，蓋所難免耳。

華北水利委員會亦頗附若干蒸發測站，茲選錄數處如下：

地名	一月	二月	三月	四月	五月	六月	七月	八月	九月	十月	十一月	十二月	全年
天津	三三·四五	五六·〇五	九六·〇二	二〇二·三三	二七三·〇九	二五六·八四	二〇六·四四	一三八·五二	一六六·三三	一三四·八三	一〇三·四九	四三·九四	一七一一·三三
三家店	二六·二	七二·九	六七·九	一一七·二	一七五·九	一五一·九	一〇五·五	八〇·九	八六·八	五四·〇	四三·五	三七·八	一〇二〇·六
獻縣	三〇·〇	四一·六	一〇七·六	一四八·二	一八七·七	三二六·三	一六五·九	七七·三	九四·六	六二·九	五三·六	三一·四	一三二七·一
臨清	二一·〇	二五·四	一一八·六	一七一·五	二六一·〇	二七四·五	二七六·〇	一三四·一	一六三·一	一〇四·七	八一·二	二七·九	一六七七·九

（各站均係一九三四年之實測數單位毫米）

以上數字或較山東之記錄爲可靠，其各月分配，天津、三家店、臨清均以五月爲最高，僅獻縣以六月爲最高，九月則均較八月爲高，此時雨季終了，故蒸發乃特盛也。　試以日照之時間與蒸發量相比較，此理益明。　試以青島爲例，青島各月日照之百分比以七月爲最小，十月爲最大，日照百分比者，即試以全月全爲晴天，則應得之日照總時間爲一百分，今除去其爲雲翳所蔽之百分數，即爲淨得之日照百分比矣。　茲列青島各月平均之日照時間及日照百分比如下：

青島各月日照時數與日照百分比（民國十三年至二十二年，見青島市觀象臺十周紀念冊。）

	一月	二月	三月	四月	五月	六月	七月	八月	九月	十月	十一月	十二月
日照時數	六·三五	六·五二	七·六四	六·九六	八·二五	七·四四	六·一九	七·三	八·四二	七·九四	六·八一	五·七〇
百分比	六三	六〇	六四	五三	五八	五二	四三	五三	六六	七二	六六	五九

青島日照百分比全年以六七兩月爲最小，不論日照時數與日照百分比，五月十月均較六七八各月爲高，各月蒸發量之變化與日照變化極相符合，夏季各月正値雨季，空中相對濕度甚高，故蒸發量不免較少耳。

第四節　陰晴

各地雨日之多寡，前章已經述及，普通對於天氣陰晴，多分四類：一、晴日，碧空無雲炎陽焦灼者屬之。二、曇日，浮雲半天日光時隱時現者屬之。三、陰日，滿天雲絮日光不見者屬之。四、雨日，凡降雨在十分之一毫米以上者，是曰雨日。

北平據一九三〇至一九三三年之統計，每年計有晴日一四七日，曇日一〇五日，陰日五二日，雨日六一日（北平據三十一年之統計，每年平均雨日爲六五·八日，）雨日僅當全年日數之六分之一，即每六日始得雨日一日，晴日與曇日相加，共得二百五十二日，計當全年日數之三分之二以上，平均自十月至一月其全晴日數每月均佔半數以上。

濟南徐州位置較南，雨日較多，晴日則較少，如濟南依一九三二至一九三三年之統計，平均每年雨日爲八二日，全晴日則爲一五四日；徐州據一九三〇至一九三三年之統計，雨日爲八九日，而全晴日則爲八一日。

太原依一九二九至一九三三年之統計，其每年平均雨日爲四八日（據十八年之統計爲五二日，）而晴日則爲二二三日，約佔全年總日數之三分之二，如合彙日計之，共得三百日，而陰日與雨日合計統計不過六十日。太原雲量全年平均僅得二·七，在內地各省中可稱最乾燥者。

茲附北平、濟南、徐州、太原四處陰晴日數統計表如下：

北平歷年晴日統計表

年／月	一月	二月	三月	四月	五月	六月	七月	八月	九月	十月	十一月	十二月	全年
一九三〇	二四	九	一二	六	一〇	七	八	八	一八	一八	二〇	一九	一五九
一九三一	一九	一五	一八	八	七	四	九	四	一六	二三	一四	一二	一四九
一九三二	一四	一三	一六	八	六	五	二	六	八	二二	二二	一七	一三九
一九三三	二三	一五	一一	一一	一一	四	四	七	一三	一六	一四	一二	一四一

歷年平均	二〇	一三	一四	八	八·五	五	六	六	一四	二〇	一八	一五	一四七

北平歷年曇日統計表

年／月	一月	二月	三月	四月	五月	六月	七月	八月	九月	十月	十一月	十二月	全年
一九三〇	七	一一	一一	九	一〇	一五	一五	一一	六	五	七	七	一一四
一九三一	四	六	四	一〇	一五	一三	一三	一四	一〇	五	七	一〇	一一一
一九三二	一四	一三	九	一一	一三	八	八	七	九	三	三	八	一〇六
一九三三	二	六	一〇	七	一〇	三	五	一一	八	四	一二	一一	八九
歷年平均	七	九	八·五	九	一二	一〇	一〇	一一	八	四	七	九	一〇五

北平歷年陰日統計表

年／月	一月	二月	三月	四月	五月	六月	七月	八月	九月	十月	十一月	十二月	全年
一九三〇	—	三	八	一三	五	四	一	六	二	二	二	二	四八
一九三一	二	四	七	九	二	一	一	二	—	二	八	五	四三
一九三二	二	二	六	八	六	九	四	八	五	五	四	五	六四

年＼月	一月	二月	三月	四月	五月	六月	七月	八月	九月	十月	十一月	十二月	全年
一九三三	四	六	三	六	五	四	四	四	二	七	三	六	五四
歷年平均	二	四	六	九	四·五	四·五	二·五	五	二	四	四	四·五	五二

北平歷年雨日統計表

年＼月	一月	二月	三月	四月	五月	六月	七月	八月	九月	十月	十一月	十二月	全年
一九三〇	—	五	—	二	六	四	七	六	四	六	一	三	四四
一九三一	六	三	二	三	七	一二	八	一一	四	一	一	四	六二
一九三二	一	一	—	三	六	八	一七	一〇	八	一	一	一	五七
一九三三	二	一	七	六	五	一九	一八	九	七	四	一	二	八一
歷年平均	二	二·五	二	三·五	六	一一	一三	九	六	三	一	二·五	六一

濟南歷年晴日統計表（一九三二——一九三三）

年＼月	一月	二月	三月	四月	五月	六月	七月	八月	九月	十月	十一月	十二月	全年
一九三二	二一	一五	二三	一〇	一五	八	六	一〇	一一	二一	二三	一三	一七五
一九三三	一六	一五	九	九	一三	六	六	七	一三	一一	一七	一二	一三四
平均	一八·五	一五	一六	九·五	一四	七	六	八·五	一二	一六	一九·五	一二·五	一五四·五

濟南歷年曇日統計表（一九三二——一九三三）

年＼月	一月	二月	三月	四月	五月	六月	七月	八月	九月	十月	十一月	十二月	全年
一九三二	七	一一	五	一三	九	一三	四	八	一〇	八	六	八	一〇二
一九三三	五	四	一一	七	六	一〇	一三	八	七	八	五	七	九一
平均	六	七·五	八	一〇	七·五	一一·五	八·五	八	八·五	八	五·五	七·五	九六·五

濟南歷年陰日統計表（一九三二——一九三三）

年＼月	一月	二月	三月	四月	五月	六月	七月	八月	九月	十月	十一月	十二月	全年
一九三二	三	二	二	二	三	三	—	一	二	—	二	四	二四
一九三三	四	六	四	四	—	三	—	一	三	八	五	二	四〇
平均	三·五	四	三	三	一·五	三	—	一	二·五	四	三·五	三	三二

濟南歷年雨日統計表（一九三二——一九三三）

年＼月	一月	二月	三月	四月	五月	六月	七月	八月	九月	十月	十一月	十二月	全年
一九三二	—	一	一	五	四	六	二一	一三	七	二	—	六	六五

年	一月	二月	三月	四月	五月	六月	七月	八月	九月	十月	十一月	十二月	全年
一九三三	六	三	七	一〇	一二	一一	一二	一五	七	四	三	一〇	一〇〇
平均	三	二	四	七·五	八	八·五	一六·五	一三·五	七	三	一·五	八	八二·五

徐州歷年晴日統計表

年／月	一月	二月	三月	四月	五月	六月	七月	八月	九月	十月	十一月	十二月	全年
一九三〇	六	七	四	二	五	四	四	一	六	一一	一四	九	七三
一九三一	六	四	九	七	六	六	一	二	九	一五	七	七	七九
一九三二	九	一三	九	九	四	五	三	四	六	八	一五	一一	九六
一九三三	六	六	五	四	五	四	四	八	一三	八	一一	一〇	八四
歷年平均	六·八	七·五	六·八	五·五	五	五	三	四	八·五	一〇·五	一二	九	八一

徐州歷年曇日統計表

年／月	一月	二月	三月	四月	五月	六月	七月	八月	九月	十月	十一月	十二月	全年
一九三〇	一五	七	九	八	一一	七	一〇	四	七	一〇	八	一一	一〇七
一九三一	八	四	一〇	五	八	一〇	六	一〇	一四	九	四	八	九六

年／月	一月	二月	三月	四月	五月	六月	七月	八月	九月	十月	十一月	十二月	全年
一九三二	一〇	七	一三	八	五	九	九	八	七	一三	一〇	六	一〇五
一九三三	九	八	一〇	八	一一	一〇	一三	九	一二	八	八	五	一一一
歷年平均	一〇·五	六·五	一〇·五	七	八·五	九	九·五	八	一〇	一〇	七·五	七·五	一〇五

徐州歷年陰日統計表

年／月	一月	二月	三月	四月	五月	六月	七月	八月	九月	十月	十一月	十二月	全年
一九三〇	七	六	一一	七	三	四	一	三	一二	三	六	七	七〇
一九三一	九	一四	八	一四	一一	八	一四	六	二	七	八	五	一〇六
一九三二	五	五	七	七	一一	一〇	八	五	九	七	二	七	八三
一九三三	一二	一一	八	九	五	九	七	二	二	一一	六	九	九一
歷年平均	八	九	八·五	九	七·五	八	七·五	四	六	七	五·五	七	八七

徐州歷年雨日統計表

年／月	一月	二月	三月	四月	五月	六月	七月	八月	九月	十月	十一月	十二月	全年
一九三〇	三	八	七	一三	一二	一五	一六	二三	五	七	二	四	一一五

年/月	一月	二月	三月	四月	五月	六月	七月	八月	九月	十月	十一月	十二月	全年
一九三一	八	六	四	四	六	六	一〇	一三	五	—	一一	一一	八四
一九三二	七	四	二	六	一一	六	一一	一四	八	三	三	七	八二
一九三三	四	三	八	九	一〇	七	七	一二	三	四	五	七	七九
歷年平均	五·五	五	五	八	一〇	八·五	一一	一五·五	五	三·五	五	七	八九

太原歷年晴日統計表（一九二九——一九三三）

年/月	一月	二月	三月	四月	五月	六月	七月	八月	九月	十月	十一月	十二月	全年
一九二九	一四	一六	一六	二五	二五	一七	一四	一〇	二二	二〇	三〇	一八	二二七
一九三〇	二六	一八	二一	一六	一五	一八	一六	二〇	一九	二一	二八	二一	二三九
一九三一	二三	一六	二三	一三	一八	一六	一五	一三	二一	二三	一八	二一	二一九
一九三二	二二	二〇	二五	一八	一六	一二	六	一一	一四	二八	二七	一七	二一六
一九三三	二四	二一	一九	二〇	二一	一二	九	一六	一六	一六	二三	二一	二一七
歷年平均	二二	一八	二一	一八	一九	一五	一二	一四	一八	二一	二五	二〇	二二三

太原歷年曇日統計表（一九二九——一九三三）

年/月	一月	二月	三月	四月	五月	六月	七月	八月	九月	十月	十一月	十二月	全年

一九二九	六	一〇	一三	三	四	七	一二	八	七	八	—	七	八五
一九三〇	三	五	五	四	二	九	五	一	八	七	一	六	五六
一九三一	六	九	五	一五	九	六	七	一二	七	五	一二	九	一〇一
一九三二	七	八	五	一〇	一〇	七	八	三	六	二	三	九	七八
一九三三	六	五	九	七	二	八	五	六	七	八	七	四	七四
歷年平均	六	七	七	八	五·五	七	七	六	七	六	四·五	七	七八

太原歷年陰日統計表（一九二九——一九三三）

年／月	一月	二月	三月	四月	五月	六月	七月	八月	九月	十月	十一月	十二月	全年
一九二九	八	二	二	一	—	—	—	八	—	一	—	—	二三
一九三〇	—	—	一	一	一	—	—	一	—	—	—	一	五
一九三一	二	—	三	一	—	二	一	—	一	—	一	一	一二
一九三二	二	—	一	一	一	—	一	二	—	—	—	三	一一
一九三三	—	一	一	一	—	—	二	一	一	二	—	四	一三
歷年平均	二·四	〇·六	一·六	一	〇·四	〇·四	〇·六	二·四	〇·四	〇·六	〇·二	一·八	一二

太原歷年雨日統計表（一九二九——一九三三）

年＼月	一月	二月	三月	四月	五月	六月	七月	八月	九月	十月	十一月	十二月	全年
一九二九	三	—	—	一	二	六	五	五	一	二	—	六	三一
一九三〇	二	五	四	九	三	三	一〇	九	三	三	一	三	五五
一九三一	—	三	—	一	四	六	八	六	一	四	—	—	三三
一九三二	—	一	—	一	四	一一	一六	一五	一〇	一	—	二	六一
一九三三	一	一	二	二	八	一〇	一五	八	六	五	一	二	六一
歷年平均	一·二	二	一·二	二·四	四·二	七·二	一一	八·六	四·二	三	〇·四	二·六	四八

第五章　風霜雪冰

第一節　風

中國爲大陸性氣候，故海平面氣壓，以十二月或一月爲最高，六月或七月爲最低。　黃河流域一帶，其冬夏差數之大，尤遠在長江流域與珠江流域之上。　例如甘肅蘭州一九三三年平均海平面氣壓，正月爲七八〇·八七毫米，而六月則僅七五三·八〇毫米，相差爲二七·〇七毫米，同年南海中之東沙島，正月氣壓爲七六四·二四毫米，六月氣壓爲七五四·六四毫米，相差爲九·六〇毫米。正月間之氣壓，蘭州較高於東沙島一六·六三毫米，六月間之氣壓，蘭州較低於東沙島〇·八四毫米；中國境內之氣壓，冬季北高而南低，故風多自北來，夏季南高而北低，故風多自南來，風力之强弱，視乎氣壓差度之大小，氣壓差度大者風力强，氣壓差度小者風力弱，中國境內所以冬日風强而夏日風弱，卽因冬季氣壓差度較大之故；此種冬夏風向之改變，卽普通所謂季風者是也。

黃河流域大部，冬季以西北風爲多，夏季則多東南風。　今試以塘沽爲例，其十二月一月二月之最多風向，均爲西北風，自三月至九月則均爲東南風，僅十月與十一月，以西南風爲多。青島之風向亦然。自十一月至二月，均爲西北風，自三月至八月，則爲東南風，惟十月與十一月，以北風爲多。

各地各月風向，容有出入之處，惟以大體而言，則冬季多自北來，夏季多自南來。冬季風向自北來，故寒冷而乾燥，夏季風向自南來，故炎熱而潤濕。例如青島當一月間平均溫度爲負一·二度，如受偏南風之影響，則其溫度，將較平均數高四·三度，卽爲三·一度，如受偏北風之影響，則其溫度，將較平均數低二·一度，卽爲負三·三度，偏北風日對於平均數之差別較小，而偏南風日對於平均數之差別較大，卽可證明青島通常情形固以北風爲最多也。

各地風向表

觀測站名	一月	二月	三月	四月	五月	六月	七月	八月	九月	十月	十一月	十二月	記錄年份	材料來源
會寧縣	S	SE	SW	NE SW	SW	NNE	SSE	NNE	SSW NNE	NE	SW	SW	1920—1925	0
二十四頃地	WNW	NW	W	W	W	WNW	NE	NE	NEN	NW	NW	W	1920—1933	
陝縣	NE	SE	ENE	NE	NE	ESE	SE NE	NE	NE	NE	NE	NE	1920—1928	
三道河	NW	N	W	NE	W	NE	W	N	SW	SW	SW	W	1920—1928	
四灣子	NNW	NNW	NNW	N	NW	W	SW	SW	NW	NNW	NNW	NNW	1920—1933	

大名	S	NNE	SE	S	S	S	SE	SE	E	S	S	NE	1920—1933
東昌	NW	N	NE	NW	NE	N	SW NE	NW	N	N	NW	NW	1920—1922 1925—1928
衛輝	NE	NE	NE	NE	NE	E	SE	E	NE	NNE	NNE	NE	1920—1927 1931—1932
青島	NW	NW	SE	SE	SE	SE	SE	SE	N	N	NW	NW	1898—1906 1930—1933
芝罘	NW	NW	NW	NW	NW	SE	SE	NW	NW	NW	NW	NW	1920—1933
秦皇島	NE	NE	NE	SW	SW	SW	SW	NE	SW	NE	NE	NE	1908—1933
鐵嶺	NW	SW	SW	SW	SW	SW	SE	E	NE	SW	NE	NW	1920—1933
成山頭	N	N	NW	SW	NW	SW	S	SW	NW	N	N	N	1920—1933
琅琊島	NW	NW	NW	SW	SW	SW	SW	NE	NW	NW	NW	NW	1920—1933
塘沽	NW	NW	SE	SE	SE	SE	SE	SE	SE	SW	SW	NW	1920—1933
濟南	SE	SE	SE	SW	SW	SE	SE	NE	SE	SW	SE	SE	1915—1925
天津	NNW	NW	N	NW	SW	SW	SW	SW	W	NW	NW	NW	1906—1933
沂州	NE	NE	NE	NW	NW	NE	NW	W	NW	SW	W	NE	1920—1923
[illegible]坊	NE	NE	NE	NE	E	SW	NE	NE	SE	NE	SE	NE	1921—1926 1930—1933
南懷堡	NW	NW	NW	NW	NW	E	S	E	SW	NW	NW	NW	1923—1926 1930—1933
城固	NE	SE	NE	SE	E	SE	SE	SE	SW	NE	NE	E	1923—1930
平度	NW	NW	SW	SW	SE	SE	S	SE	NE	NW	NW	NW	1924—1933
陳州	NE	SE	SE	S	SE	SE	S	SE	SE	NE	NW	NE	1924—1933
太原	NW	NW	NW	NW	NW	NW	NW	NW	NW	NW	NW	NW	1924—1933

大同	NE	ND	NE	NE	NW	NE	SE	NE	NE	NE	NE	NE	1925—1927 1932—1933	
蚌埠	NE	NE	NE	Σ	ENE	E	E	NE	NE	NE	NE	NE	1928—1933	
開封	NW	NE	SW	S	SW	SE	NE	NE	SE	SW	NE	NNE	1928—1933	
信陽	N	NE	SE	S	SW	SW	SW	SW	NE	NE	SW	NW	1927—1931	
南宿州	NE	NW	NW	NE	SE	SE	SE	SE	E	NE	NE	NE	1927—1931	
歙縣	NE	NE	NE	E	SE	SE	SE	NE	SE	SE	SE	NE	1920—1933	
梓潼	E	E	NE	N	S	SE	SE	NE	NE	NE	NW	NW	1932—1933	
蘭州	E	S	Var.	NW	NE	NE	NE	NE	NE	NE	SW	SW	1932—1933	
威海衞	NW	NW	NW	NW	NW	SE	SE	NW	NW	NW	NW	NW	1932—1933	

一年風力最強，普通多在三四月之間，大風之發生，亦以春間爲最盛。依蒲福氏風級，凡風力在第八級以上，即每秒鐘風速在十七米以上時，即稱曰大風，依現有記錄，各地大風發生次數，均以冬半年爲多，夏半年較少，各月之中，則尤以三四月間發生之次數爲多。黃河流域氣候乾燥，每值大風，則飛沙揚塵，天色昏暗，或以塵灰過多，天空往往作魚白色；霾多由塵灰蔽天而起，故北方記載之霾日乃特多。

如以北平爲例，北平於一九三〇至一九三三年計四年中，大風日數共計爲九十七日，每年平均得二十四日，就中以三月與十一月爲最高，四年中各得十四次，其次爲二四五各月，而七八兩月爲最少。

北平四年中之霾日計共九十四次，平均每年亦約二十四次，就中以四月爲最多，四年中計二十二次，其次爲一三五各月，而七八九各月則全付闕如，因此時正爲雨季，地面潮濕，故飛沙之機會無有也。

西安據一九三三年之統計，全年計有霾日二十六日，就中以二月爲最多，計得七次，三月次之，計得六次，其他七八九十各月，則全付闕如。 蘭州據一九三三年之統計，全年霾日共二十四日，就中以三月爲最多，計七次，四月次之，計四次，六七十各月，則全付闕如。

茲將北平歷年各月之大風日數與霾日數列表如下，以示一斑。

北平歷年霾日統計表（一九三〇——一九三三）

年／月	一月	二月	三月	四月	五月	六月	七月	八月	九月	十月	十一月	十二月	全年
一九三〇	—	—	—	七	—	七	—	—	—	—	—	三	一七
一九三一	七	四	九	八	六	三	—	—	—	一	四	二	四四
一九三二	五	二	五	四	三	—	—	—	—	一	二	一	二三
一九三三	二	二	—	三	三	—	—	—	—	—	—	—	一〇

	一月	二月	三月	四月	五月	六月	七月	八月	九月	十月	十一月	十二月	全年
歷年總數	一四	八	一四	二二	一二	一〇	—	—	—	二	六	六	九四
歷年平均	三·五	二·〇	三·五	五·五	三·〇	二·五	—	—	—	〇·五	一·五	一·五	二四

北平歷年大風日統計表（一九三〇——一九三三）

年＼月	一月	二月	三月	四月	五月	六月	七月	八月	九月	十月	十一月	十二月	全年
一九三〇	一	—	—	—	一	三	—	—	一	一	三	一	一一
一九三一	三	三	五	四	一	一	—	—	一	三	三	三	二七
一九三二	三	六	七	五	四	一	二	一	—	—	六	三	三八
一九三三	二	三	二	二	五	二	—	—	二	一	二	—	二一
歷年總數	九	一二	一四	一一	一一	七	二	一	四	五	一四	七	九七
歷年平均	二·二	三·〇	三·五	二·八	二·八	一·八	〇·五	〇·三	一·〇	一·三	三·五	一·八	二四

第二節　霜

凡地面溫度降至冰點以下，卽能結霜。霜期之長短，對於農作物之關係至巨，凡係結霜之日，植物內部之水分每因凍結而損及其組織，故植物生長之期，必在無霜之期。

凡秋冬第一次見霜，謂之早霜，春季最後一次見霜，謂之晚霜。例如青島平均早霜日期爲十一月十六日，平均晚霜日期爲三月二十八日，平均無霜日期爲二百三十二日，惟青島自來之最早降霜日則爲十一月三日，最遲降霜日爲四月六日，故其絕對無霜日數，實爲二百十一日。北平平均早霜爲十一月四日，平均晚霜爲四月二日，平均無霜日爲二百十五日，惟絕對無霜日則僅一百六十八日。

西灣子之平均早霜爲九月十九日，平均晚霜爲五月九日，平均無霜期僅一百三十二日，易言之，即一年中霜期之長有七個半月之久，無霜期僅四個半月而已；其最早降霜日則在九月十五日，最遲降霜日乃在五月二十四日，其絕對無霜日數，乃不過一百一十三日而已。

本年（民二十四年）甘肅之金塔、酒泉、張掖、固原、通渭、華亭、臨澤等縣，均於九月十一十二十三等日先後見霜，秋禾未收，乃被嚴霜摧殘殆盡，黃河流域見霜之早，當以此爲最矣（各地見霜消息，見氣象雜誌十一卷四期，中國氣象學會出版。）

地面溫度與普通百葉箱中所記之空氣溫度，不必相同。通常在晝間日光强盛之時，則地面溫度必較高於百葉箱中之空氣溫度；當晚間地面熱量放散强盛，則地面溫度必較低於百葉箱中之空氣溫度，冬日晚間尤甚。故當冬季有霜之日，百葉箱中最低氣溫，不必定在冰點之下；有時如環境相宜，百葉箱中氣溫雖在冰點以下，地面亦可不必見霜。

附各地霜期表

各地霜期表

省別	站號	站名	平均早霜日期	平均晚霜日期	平均無霜日數	最早降霜日	最遲降霜日	絕對無霜日數	記錄年份	取材
			日/月	日/月		日/月	日/月			
冀	2	大名府	8/11	25/3	227	3/11	19/4	199	1908—1911	4,28
	14	張家莊	7/11	28/3	223	6/11	8/4	217	1877—1916	4,28
	35	天津	5/11	31/3	218	23/10	5/4	201	1907—1916	4,28
	50	秦皇島	1/11	7/4	207	17/10	27/5	143	1909—1916	4,28
	49	北平	4/11	2/4	215	11/10	27/4	168		28
	26	保定	11/10	26/3	199	8/10	21/4	170	1929—1933	1,2
魯	16	青島	16/11	28/3	232	3/11	6/4	211	1899—1916	4,28
	37	濟南	2/11	22/3	224	24/10	24/3	213	1932—1933	2,9
	39	平度	31/10	10/4	203	12/10	21/4	174	?	28
	46	瑛瑯島	23/11	6/5	200	5/11	29/5	159	1887—1916	4,28

	60	黄縣	6/11	2/5	187	3/11	3/5	183	?	28
豫	32	太康	16/11	24/3	236	5/11	30/3	219	?	28
	46	汲縣	14/11	17/3	241	29/10	23/3	220	?	28
蘇	5	沛縣	8/11	12/3	240	24/10	23/3	214		
	12	徐州	22/10	1/4	203	8/10	22/4	169	1929—1932	2
皖	1	蒙邱	25/11	2/3	267	8/11	8/4	214	1891—1916	4,28
	7	宿縣	6/11	28/3	222	12/10	15/4	180	?	28
陝	25	西安	19/11	16/3	253	17/10	10/4	189	?	28
甘	1	蘭州	20/10	18/3	216	15/10	5/4	193	1932—1934	2
	4	松樹嘴莊	20/10	18/4	184	19/10	29/4	172	?	28
晉	5	太原	23/9	10/4	166	13/9	21/4	145	1929—1932	2
綏	2	二十四頃地	27/9	5/5	144	18/9	27/5	114		28
	8	茂明安	8/10	17/5	143	8/10	25/5	135		28
察		西灣子	19/9	9/5	132	15/9	24/5	113		28

第三節 雪

空中水汽遇冷而凝爲較大之水滴下降，卽成雨。 當水汽正凝結時，其溫度如在冰點之下，卽不成水滴而成雪花。 我國北方氣候，冬季異常乾燥，故降雪之量不豐，除高山外，依現有黃河流域之記錄，平均每年下雪日數，無超過十五日者，計西安十五日，蘭州十三日，北平九日，太原八日而已。 西安於民國二十一年下雪最多，計達十九日，太原二十一年下雪最少，僅計三日而已。

北平平均初雪爲十一月十日（依民十九至民二十二年之統計），最早初雪爲十月三十一日。

黃河流域下雪日期，普通多自十一月至三月，如塘沽平均晚雪爲二月二十六日，最遲晚雪則爲三月二十二日，惟北方察、綏一帶，初雪有早至九月，晚雪有遲至五月者，如本年（民二十四年）九月十二日，張家口曾降大雪，秋雪之早，以此爲最云。

附各地降雪日期表

各地降雪日期表

省别	站號	地名	平均初雪 日/月	平均晚雪 日/月	平均下雪日數	平均積雪日數	記錄年份	材料來源
魯	58	芝罘	25/11	4/3	10	—	1929—1933	2
魯	56	成山頭	22/11	12/3	15	—	1929—1933	2
魯	63	猴磯島	8/12	3/3	9	—	1929—1933	2
魯	39	濟南	19/12	26/2	10	11	1932—1933	2
冀	47	北平	10/11	23/2	9	5	1930—1933	2
冀	32	塘沽	8/12	26/2	7	—	1929—1933	2
冀	26	保定	1/12	8/3	7	5	1929—1933	2
陝	25	西安	20/11	14/3	15	9	1932—1933	2
晉	37	太原	7/12	11/3	8	3	1929—1933	2
甘	1	蘭州	21/10	9/3	13	3	1933	2
蘇	5	徐州	10/12	4/3	10	10	1929—1933	2

第四節 冰

每日最低溫度在零度以下，地面即有結冰機會，黃河流域各地，普通自十月至三月間，其每日最低溫度，均可達零度以下；惟在北方察、綏一帶，自九月至五月，其每日最低溫度，即可達零度以下；青島平均每年每日之最低溫度，在零度以下者，計共八十八日，濟南九十六日，北平一百二十四日，太原一百四十九日。茲將各地最低溫度在零下之最始最終日期，列表如下：

各地結冰日期表

省別	站號	地名	冰期（平均）日/月	最低溫度在0°C.以下日數	記錄年份	材料來源
魯	58	芝罘	24/11—22/3	82	1930—1933	2
魯	56	成山頭	20/11—20/3	78	1930—1933	2
魯	63	猴磯島	17/11—25/3	85	1930—1933	2
魯	37	濟南	4/11—29/3	96	1932—1933	2
冀	49	北平	27/10—29/3	124	1930—1933	2

冀	32	塘沽	7/11—24/3	116	1930—1933	2
冀	26	保定	25/10—22/3	129	1929—1933	2
陝	25	西安	16/10—18/3	103	1932—1933	2
晉	37	太原	18/10—12/3	149	1929—1933	2
甘	1	蘭州	24/10—30/3	137	1933	19
蘇	5	徐州	25/10— 7/4	134	1929—1933	2

河流結冰與否，不必與氣溫冰點相符合。大抵冬季開始凍結之時，氣溫必在冰點之下，春季解凍，則氣溫必在冰點之上。各地河流之凍結與解凍，尤與河流之流量流速與地形等均相關。

依華北水利委員會之記錄，河北境內各河，其封凍日期平均在十二月，開河日期平均在二月底至三月。例如永定河在三家店附近，平均封河日期爲十二月七日，平均開河日期爲三月九日，平均封凍日數爲九十二日。民國十九年平均冰厚爲〇·三二米；子牙河在獻縣附近，每年平均冰期七十四日，民國十九年平均冰厚〇·一九米；南運河在臨清附近，每年平均冰期五十二日，民國十九年平均冰厚〇·一八米。臨清之緯度約爲三十七度，三家店之緯度約爲四十度，自臨清至三家店，緯度相差三度，冰期長短相差四十日，平均每向北一度，冰期增加約十三日。

附冀魯各河冰期始終久暫表：

冀魯各河冰期始終久暫表

河名	站名	緯度	經度	平均封河日期	平均開河日期	最早封河日期	最遲開河日期	平均凍封日數	冰厚(米)*	記錄年份	取材
永定河	三家店	39°58'N	116°07'E	7/12	9/3	25/11	18/3	92	0.32	1918—1931	37
北運河	通縣	39°55'N	116°39'E	4/12	2/3	22/11	9/3	89	0.31	1921—1931	37
大清河	雄縣	38°59'N	116°06'E	6/12	21/2	28/11	1/3	71	0.27	1921—1929	37
子牙河	獻縣	38°12'N	116°07'E	11/12	29/2	28/11	4/3	74	0.19	1922—1931	37
南運河	臨清	36°51'N	115°42'E	24/12	13/2	8/12	21/2	52	0.18	1924—1931	37

* 冰期據十九年份測量依全河數站之平均數

黃河本流之冰期，缺乏精密之記錄，蘭州附近黃河，約於十一月下旬始見流冰，十二月中結冰，三月初解凍，冰凍時期約二個半月。

綏遠二十四頃地，根據一九一四至一九二三年之統計，每年封河時期，約位於十一月二十五日至十二月五日之間，開凍時期，約位於三月十八日至二十四日之間，冰凍時期約三個半月。

龍門附近結冰時期，約自十二月至三月，韓城縣志稱：「冰橋在縣東北禹門處，每歲大雪時合，驚蟄時解，時日不差」。大雪始於十二月八日，驚蟄始於三月六日。龍門附近因河身狹窄（壺口附近寬僅五十餘米），因是結冰獨厚，化冰亦難，每年四五月間有時猶見冰塊，六月以後洪水始至，冰融化水，乃成瀑布。

開封以下，黃河結冰情形，因無記錄，無從確指。　臨清距黃河僅百餘仟米，濼口與臨清之緯度，約略相當，且黃河當冬季時，流量甚小，其冰期長短諒與南運河相彷彿。　惟黃河自河南入山東，略作西南東北向，黃河在河南境內，約位於北緯三十五度，利津海口附近之緯度爲三十八度，二者相差，在三度左右，設利津之冰期與獻縣相當，豫境黃河之冰期與臨清相當，則冰期長短，卽可有二十日之相差；當冬末時，中游業已開凍，河口尚未融化之時，水流卽遭壅塞，水位因以擡高，於是乃生漫溢之災，卽所謂凌汛是也。　成災區域，以山東爲最。　綏遠、黃河，其融冰之期，雖較豫境爲遲，然以位居上游，成災之機會較少。　魯境凌汛多在二月初旬，如一九三三年，魯境曾受巨災，當時洛口黃河於二月十日解凍，凌汛所至，在陽穀爲二月九日，齊河、洛口爲十日。　茲據洛口水文站所記歷年凌汛最高日期如下：

洛口凌汛最高日期

年份	民九	民十	民十一	民十三	民十四	民十五	民十六	民十七	民十八
月日	二月二十九日	一月二十五日	二月十日	二月二日	二月一日	二月一日	二月十二日	二月九日	二月十八日

根據上述九年之記錄，可知濼口最高凌汛發生期，最早爲一月二十五日，最遲爲二月二十九日，平均爲二月九日云。

附黃河各地冰期始終久暫表：

黃河各地冰期始終久暫表

站名	緯度	經度	封河時期	開河時期	封凍期間
蘭州	36°03′N	103°48′E	十二月中旬	三月上旬	二個半月
二十四頃地	40°36′N	111°30′E	十一月下旬	三月下旬	三個半月
龍門（壺口）	36°12′N	110°20′E	十二月中旬	三月上旬	二個半月
洛口	36°50′N	116°59′E	十二月下旬	二月上旬	一個半月
利津（河口）	38°N	118°30′E	十二月中旬	二月中旬	二個月

第六章 氣象與水文

第一節 測站與記錄

以上數章，根據現有各地之氣象記錄，將黃河流域一般之氣候概況，略加敘述。黃河流域，如就廣義言之，應包有下游冀、魯兩省在內，合計面積約共一百五十萬平方仟米；如就嚴格論，僅以受水區域爲限，則黃河流域之面積，僅約七十六萬平方仟米，其流域範圍，實限於鄭州附近；平漢路以西爲止，自鄭州以下，黃河受隄埝之約束，兩岸已無加入之支流，冀、魯兩省所降之雨量，絕少有經流黃河以入海者。

本篇所利用之氣象測站，數本不多，然細察之，實多數位於冀、魯、豫各省，其他位於嚴格的黃河流域範圍以內者，實十不得一，以七十六萬平方仟米之黃河全域，現有之氣象測站，不過數十；且又大多僅有一二年之記錄，其有五年以上之記錄者，不過綏遠之薩拉齊歸綏二十四頃地舍必崖，山西之太原，陝西之西安通遠坊六七處而已。

黃河流域現有之水文記錄亦甚少比較長期之水位記錄，僅有河南之陝縣與山東之洛口兩處，開始記錄於民國七八年間及今方十餘年兩地流量則僅有三四年之記錄。民國二十二年，黃河水利委員會成立始設蘭州、包頭、龍門、潼關、陝州、秦廠、高村、陶城埠、洛口及利津等水文站計十處以後復於各支流增設若干處，此等少數測站，如能繼續觀測達若干年吾人對於黃河幹支各流水文情況庶可得一較爲具體之概念矣。

第二節　各區雨量與水量

據黃河水利委員會之估計，蘭州以上之黃河流域面積，計二一六，一八〇平方仟米，約當全域面積之四分之一；包頭以上之流域面積總計三九四，七八〇平方仟米，約當全域面積之二分之一；蒲州以上之流域面積總計五六〇，八六八平方仟米，約當全域面積之四分之三；自此以下之流域面積約佔全域面積之四分之一，就中渭河全域計一四四，七六〇平方仟米，渭河之支流涇河流域計五六，九三〇平方仟米。

黃河流域之面積，雖以蘭州、包頭、蒲州三地而分爲約略相等之四部，惟其受雨情形，則各不相同。蘭州以上，吾人絕無雨量之記錄，蘭州亦僅有二年之數字，其平均數爲三六九毫米，但此二年適値雨量較富之年，其地應得標準數，必在此數之下，可無疑義。

蘭州以上，黃河流於高原之上，其發源處鄂陵海之高度，爲四千一百二十米，貴德之高度爲二千四百四十米，蘭州高度爲一千五百八十米，河槽坡度之大，於此可見。蘭州以上黃河重要之支流有二：一曰洮河，二曰大通河，其河槽坡度之大，亦不亞於黃河幹流。高地雨量因無測站，無從精度，常例，凡地形較高者雨量較多，惟此間因處於叢山之中，濕汽無從侵入，故其雨量，決不如川康境內長江上游高地雨量之豐盛。民國二十三年，蘭州最大流量爲每秒五四〇〇立方米，二十二年爲每秒七〇〇〇立方米，當低水位時僅約每秒六七百立方米，如民國二十三年十二月蘭州平均流量爲每秒六九〇立方米。

自蘭州至包頭，歷程約一，三二六仟米，包頭之高度爲九一四米，兩地高度相差六七〇米，河流坡度約爲萬分之五。自蘭州至包頭之黃河流域面積，依黃河水利委員會之計算，爲一七八，〇〇〇平方仟米，惟實則此數殊嫌過高。黃河自蘭州以下至包頭，絕少支流，寧夏以下，河行沙磧間，臨河五原，僅有分水灌田之渠道，絕無增加水量之支流，河套鄂爾多斯沙地，鹽湖頗多，爲純粹之內流區域，其地無流入黃河之水，即不能認爲黃河之流域。西套一帶，實爲黃河流域最乾燥之區域，例如寧夏之三道河，每年僅有雨日二十九日，較薩拉齊計少十日，估計其雨量，殆不過二百毫米左右，黃河流經寧夏、包頭間，水量蒸發消耗者多，包頭附近之流量，普通常較少於蘭州，如民國二十二年，蘭州最大流量爲每秒七〇〇〇立方米，包頭最大流量僅每秒三六〇〇立方米，二十三年，蘭州最大流量爲每秒五四〇〇立方米，包頭最大流量則僅每秒二二〇〇立方米，二十三年八月間平均流量蘭州爲每秒三七一二立方米，而包頭則僅每秒一八七五立方米，八月全月流量，蘭州爲一百萬萬立方米，而包頭則僅五十萬萬立方米，包頭總流量，僅當蘭州之半數而已，其他半數，殆多在沿途消耗淨盡矣。

自包頭至潼關，河行於山、陝之間，兩岸流入之支流頗多，如烏蘭木倫河，如無定河，如延水，均是，及龍門下游，乃會山西省境最大之汾水，此區雨量大都在三百至五百毫米之間，其流域面積約計一二〇，〇〇〇平方仟米，衆流匯注，夏季水量甚大，漲落亦驟。

渭河流域面積，較包頭、蒲州間黃河流域面積略大，惟其雨量則遠過之，黃河全域之雨量，當以此區爲最高。太原每年雨量平均僅三九一毫米，雖其地位於汾河河谷，地位隱蔽，雨量自不免較地形較高之處略見遜色；惟如西安、通遠坊亦俱位於渭河平原之上，且居於秦嶺雨影之内（秦嶺南坡雨量遠較北坡爲多）然其年平均雨量，乃俱在五百毫米以上；涇河上游匯受六盤山之雨水，支流衆多，散布有如扇狀，流域面積之廣，在黃河各支流中，實居第一（渭河本流與山西汾河俱在其下）六盤山之高度在三千米以上，其方向又作南北行，故其東坡雨量，必較西坡爲多，吾人對於此區，雖無充分之雨量記錄，然根據其流域之廣，支流之多，想見其地雨量，必不減於渭河流域。

黃河水利委員會根據民國二十二年之水文記載，對於黃河各段水流概況，曾作一約略估計，（據黃河概況及治本探討，）當二十二年洪水時期，自八月七日至十四日間，包頭以上之黃河水量，最高僅每秒二二〇〇立方米，包頭、龍門間流入之水，最高曾達每秒八〇〇〇立方米，汾河流入之水，最高每秒一八〇〇立方米，渭河本身，最高每秒四五〇〇立方米，北洛河每秒二〇〇〇立方米，而涇河則最高達每秒一二，〇〇〇立方米；十日子夜二時，陝州發生破記錄之最大流量共計每秒二三，〇〇〇立方米，此時水量之最大來源為涇河，計每秒一二，〇〇〇立方米，其次為渭河，計每秒四〇〇〇立方米。

以上之數字，僅憑一年之記錄，自未能認為常態；又各河之洪水峯，每隨暴雨或霪雨而產生，不必與各地之平均年雨量之多寡相當。惟由此極不完全之記錄，吾人可以約略推知，山、陝間各支河與涇、渭各河對於黃河下游總流量之重要。黃河上游之水，繞經河套以後，非特不見增加，而反減少，又蘭州至龍門，雖在洪水時期，水流亦須五六日方達，不若汾河與涇、渭各河來水較驟，並易於同時達到，此為研究黃河氣象與水文者所當注意之事實也。

第三節　雨季與洪水期

黃河流域之降雨時期，俱集中於夏季各月，冬季則甚爲乾燥，因此全河水位流量之升降，亦多與此相合。例如民國二十三年，濼口流量一月平均爲每秒二九一立方米，爲全年最低之期，自一月至六月每月平均流量俱在每秒九百立方米以下，及七月升爲每秒一二一七立方米，八月爲每秒三九三六立方米，九月爲每秒四二一〇立方米，十月爲每秒四三八四立方米，及十一月，降低至每秒二四三〇立方米，十二月降低至每秒一〇七三立方米。民國二十三年水量最多之月爲十月，此種情形，頗屬例外，普通洪水時期多在七八九三個月，洪水峯則多在七八月之間，其有延遲至九十月者，比較少見，十一月以後，已入於低水時期，最低水位有時見於一月，有時亦見於五月，五月以前均屬低水時期，二月間立春解凍，水位稍漲，是爲凌汛，三四月之交清明前後，春雨始至，水亦稍漲，普通稱之曰桃花水，惟均不見重要；漲水最重要者，必在伏汛，起於穀雨，終於立秋，立秋以後，霜降以前，間亦漲水，是曰秋汛；霜降以後，已入低水時期，照例得慶安瀾矣。

黃河流域，夏季降雨，冬季異常乾燥，因此水位流量之漲落升降，每呈極大之變化。如陝州二十二年最大流量達每秒二三，〇〇〇立方米（八月十日）然同年最小流量（一月十三日）乃祇每秒二〇〇立方米，二十年之最小流量（十二月二十八日）乃僅每秒一六〇立方米，大小相差，達一百倍以上；山東濼口冬季最小流量亦每減至每秒百立方米以下，有時乃不過每秒五〇立方米。黃河當大水時奔騰澎湃，寬廣有類大海，當水小時，細流涓涓，曾不若山間一溪澗，卽在洪水期間，其水位之忽漲忽落，亦屬瞬息萬變，凡此皆因黃河沿岸闕少水流屯積之處，隨雨隨流，致有若此現象也。

黃河流域雨量變率甚大，因此河水情形亦歷年不同，如濼口民國二十年最大流量爲每秒六一〇〇立方米，二十一年爲每秒四六〇〇立方米，二十二年爲每秒九〇〇〇立方米，二十三年爲每秒五六〇〇立方米（以上數字均見黃河概況及其治本探討。）

民國二十二年，陜州流量有空前之數字（以前或尙有更多之流量，惟無數字可稽耳，）最高時達每秒二三，〇〇〇立方米，發生於八月十日子夜，惟在九日中午以前與十一日中午以後，則流量均在每秒一萬立方米以下，又其他各年最大流量，鮮有超過一萬以上者，水小之年，乃僅四五千立方米而已。

民國二十二年大水，黃河鄭州鐵橋被水淹沒，下游如豫之考城、蘭封，冀之長垣、東明，魯之菏澤、定陶等二十餘縣，均被水災，江蘇北部亦受波及，惟據現有之氣象記載，則當時並未見有特別多雨之區，如蘭州七月雨量一二四毫米，八月七七毫米，薩拉齊七月四三四毫米（?）八月五四毫米，長安七月九八毫米，八月七五毫米，均未見特別過多之數。經委會所收集之民國二十二年全國雨量報告，山西方面有數處雨量特多，如隰縣七月雨量達八〇五毫米，全年雨量達一八一四毫米，榆次七八兩月雨量均在三百毫米以上（七月三二五毫米，八月三〇〇毫米），全年達一〇六三毫米，曲沃七月雨量三〇四毫米，八月雨量四九〇毫米，全年雨量竟達一七五六毫米；此種數字，均得之於縣政府報告，是否可靠，殊屬疑問；薩拉齊七月雨量達四三四毫米，超過其年平均雨量，亦似不可能。依黃河水利委員會之推算，此次大水，實以涇河之水爲重要原因。吾人於涇河全域，闕少測候設備，是年僅有邠縣與淳化兩縣之雨量記錄，其數字亦未見特高（邠縣七月三三毫米，八月二九毫米，淳化七月二六一毫米，八月四二毫米）由此可知吾人如欲明瞭黃河流域各地水文情形，對於救災防患之事有所策劃，非先從普設氣象測站求取正確之測候記錄入手不可矣。

附表一 黄河流域氣候記錄取材表

取材號數	取材根據（刊物或機關）
1	中央研究院氣象研究所氣象年報
2	中央研究院氣象研究所氣象月刊
3	青島市觀象台氣象月報
4	La Température en Chine, Observatoire de Zikawei
5	Etude Sur la Pluie en Chine, Observatoire de Zikawei
6	Revue Mensuelle de l'Observatoire de Zikawei
7	Bulletin des Observations, Zikawei
8	華北水利委員會
9	山東建設廳氣象測候所氣象年報
10	全國水利局導淮測量處
11	江淮水利測量處
12	河北南運河工務局
13	河北子牙河務局
14	河北大清河河務局
15	河北黃河工務局
16	河北大學農科
17	開封測候所氣象年報
18	西安測候所氣象報告（各月逐日平均要素表）
19	甘肅測候所氣象月報
20	綏遠民生渠水利工會
21	綏遠農事試驗場
22	太原農專氣象月刊
23	British Municipal Council, Tientsin
24	北平氣象台
25	導淮委員會
26	整理導淮圖案報告，十八年建設委員會
27	Reports of the Chinese-Foreign Famine Relief Committee
28	The Climatic Region of China
29	民國二十一年全國雨量及水文報告，內政部
30	全國經濟委員會水利處及議會出版之民國二十二年全國雨量記錄
31	地理學報二卷二期 竺可楨 中國氣候之要素
32	地理雜誌三卷一期 黄廈千 北平之氣候
33	Meteorologische Zeitschrift, 1877, S 213.

附表一 黄河流域氣候記錄取材表

七五

34	山西氣象統計
35	陝西水利月刊
36	中國之比較濕度圖　徐家匯天文台
37	水利一卷五期　徐宗溥　河北各月之冰期水文測量
38	方志月刊六卷三期　沈孝凰　中國之雨量
39	中華民國氣候圖解　徐家匯天文台

附表二　各省測候站

山東省

＊表示5—10年之記錄　＊＊表示10年以上者

站號	地名	緯度	經度	高度	雨量 記錄年份	雨量 材料來源	溫度 記錄年份	溫度 材料來源	其他
1	嶧縣	34°47′N	117°28′E	35M	1930—1933	9	1930—1932	9	
2	臨沂	35°7′N	118°24′E		1927—1932	6,9	1930—1932	9	
3	金鄉	35°10′N	116°13′E	69.1M	1930—1933	9	1930—1932		
4	菏澤	35°45′N	115°25′E	68M	1931—1933	9			
5	鉅野	35°28′N	116°12′E	65.8M	1931—1933	9			
6	嘉祥	35°31′N	116°25′E	78M	1930—1933	9	1930—1932	9	
7	滋陽	35°37′36″N	116°47′E	76.4M	1931—1933	9			
8	泗水	35°42′N	117°12′E	136M	1930—1932	9	1930—1932	9	
9	蒙陰	35°43′N	117°59′E	174.4M	1931—1933	9			
10	沂水	35°46′N	118°33′E	94.6M	1930—1933	9	1930—1932	9	

11	汶　上	35°49′N	116°26′E	73.2M	1930—1933	9	1930—1932	9
12	諸　城	35°55′56″N	119°20′36″E	38M	1931—1933	9		
13	新　泰	35°56′N	117°49′E		1930—1932	9		
14	東　平	35°59′38″N	116°17′E		1930—1933		1930—1932	9
15	范　縣	36°01′N	115°52′E		1930—1933	9	1930—1932	9
16	青　島	36°4′11″N	120°19′14″E	78.6M	1902—1933	3	1898—1933	3
17	壽　張	36°06′28″N	115°50′36″E	63.3M	1931—1933	9		
18	文　登	36°12′32″N	112°13′6″E	368M	1930—1932	9		
19	泰　安	36°13′36″N	117°07′E	160.5M	1930—1933	9	1930—1932	9
20	東　阿	36°14′N	116°15′E	77M	1930—1932	9	1930—1932	9
21	萊　蕪	36°15′N	117°39′E		1930—1932	9	1930—1932	9
22	膠　縣	36°16′N	120°13′E		1930—1932	9	1930—1932	9
23	高　密	36°17′N	119°42′E		1930—1933	9	1930—1932	9
24	平　陰	36°26′N	116°34′E	73.2M	1930—1933 1932不全	9		
25	臨　朐	36°28′N	118°31′E	93.0M	1931—1933	9		
26	博　山	36°29′N	119°51′E		1930—1932	9	1930—1932	9
27	冠　縣	36°34′N	115°27′E	75.2M	1930—1932	9	1930—1932	9
28	長　清	36°36′N	116°44′E	64.6M	1930—1932	9	1930—1932	9
29	館　陶	36°36′N	115°27′E		1920—1925	5		

附表二　各省測候站　　　　七七

山東省(續)

＊表示5—10年之記錄　＊＊表示10年以上者

站號	地名	緯度	經度	高度	雨量 記錄年份	雨量 材料來源	溫度 記錄年份	溫度 材料來源	其他
30	淄川	36°38′N	117°57′E	90.5M	1930—1933	9	1930—1932	9	
31	茌平	36°39′N	116°15′E	59M	1930—1933	9	1930—1932	9	
32	濰縣	36°39′N	119°05′04″E	37.8M	1930—1933	9	1930—1932	9	
33	益都	36°39′11″N	118°27′56″E	112.4M	1930—1933	9	1930—1932	9	
34	昌樂	36°39′41″N	118°48′16″E	67.3M	1930—1932	9	1930—1932	9	
35	海陽	36°40′N	121°27′E		1930—1932	9	1930—1932	9	
36	齊河	36°44′N	116°40′E		1930—1932	9			
37	濟南	36°44′N	117°08′E		1916＊＊—1933	5,9	1930—1933	2,9	
38	昌邑	36°46′N	119°23′E	8.3M	1930—1933	9	1932—1933	9	
39	平度	36°47′N	119°54′E	37.5M	1925＊—1933	6,9	1925＊—1931	28	
40	臨淄	36°48′N	118°21′E	45.6M	1931—1933	9			
41	清平	36°49′N	116°4′E	50.6M	1930—1933	9	1930—1932	9	
42	洛口鎮	36°50′N	116°59′E	31M	1919＊＊—1929	8			
43	章邱	36°51′N	117°29′E	48.0M	1931—1933	9			
44	臨清	36°51′N	115°42′E	36M	1919＊—＊1932 1931不全	8			

45	壽　光	36°51'16"N	118°44'28"E	24.5M	1930—1933	9	1930—1932	9	
46	玖瑯島	36°54'N	122°32'E	12.5M	1887—1933	5,7,2	1887—1916	4	
47	濟　陽	37°0'N	117°14'E	26.0M	1931—1933	9			
48	夏　津	37°1'N	116°1'E	35.9M	1930—1933		1930—1932	9	
49	廣　饒	37°02'N	118°20'E	20.8M	1930—1933	9	1930—1932	9	
50	高　苑	37°05'N	117°58'E	14.9M	1931—1933	9			
51	棲　霞	37°08'N	120°48'E	155.2M	1930—1933	9			
52	青　城	37°11'9"N	117°43'52"E	19.3M	1931—1933	9			
53	臨　邑	37°13'N	116°54'E	26.7M	1930—1932	9	1930—1932	9	
54	恩　縣	37°13'N	116°20'E	35.9M	1930—1932	9	1930—1932	9	
55	朱家寨	37°23'N	116°50'E		1922—1925	5			
56	成山頭	37°24'N	121°42'E	53.9M	1887—1933	2,5,7	1887—1933	1,2,4	
57	惠　民	37°30'N	117°29'E		1930—1932	9	1930—1932	9	
58	芝　罘	37°33'N	121°22'E	8.0M	1877—1933 缺 1893 1920	2,5,7	1887—1933	1,2,4	
59	蓬　萊	37°39'N	120°46'E	19M	1930—1933	9	1930—1932	9	
60	黃　縣	37°39'N	120°30'E	19.5M	1931—1933	9	(•)其中僅一年記錄完全 1910—1916	4	
61	無　棣	37°44'N	117°39'E	47.1M	1930—1933	9	1930—1932	9	
62	樂　陵	37°45'N	117°17'E	21.3M	1930—1933	9	1930—1932	9	

附表二　各省測候站

山　東　省(續)

＊表示5—10年之記錄　＊＊表示10年以上者

站號	地名	緯度	經度	高度	雨量 記錄年份	雨量 材料來源	温度 記錄年份	温度 材料來源	其他
63	猴磯島	38°04'N	120°39'E	89.6M	1887**—1933	2,5,7	1887**—1916	1,2,4	
64	泰山	36°19'N	117°06'E	1545M	1933—1934	2	1933—1934	2	
65	聊城	36°28'N	115°57'E		1925*—1933	6			
66	威海衛	37°31'N	122°06'E		1932—1933	6			

河　南　省

＊表示5—10年之記錄　＊＊表示10年以上者

站號	地名	緯度	經度	高度	雨量 記錄年份	雨量 材料來源	温度 記錄年份	温度 材料來源	其他
1	光山	32°03'N	115°08'E		1932	29			
2	三河尖	32°35'N	115°54'E		1918—1923 1925*—1927	10,11			
3	潢川	32°12'N	115°09'E		1932	29			
4	羅山	32°12'N	114°32'E		1932	29			
5	信陽	32°09'N	114°08'E		1922—1923 1932*—1933 1934	10,11,30			
6	息縣	32°23'N	114°46'E		1932	29			

7	正陽	32°36'N	114°28'E		1932, 1934	29,30			
8	新蔡	32°47'N	115°01'E		1922 1923 1932 1933	10,11,29			
9	桐柏	32°22'N	113°27'E		1923 1927 1928 1934	10,11,30			
10	鄧縣	32°45'N	112°00'E		1934	30			
11	唐河	32° N	112° E		1932, 1934	29,30			
12	泌陽	32°47'N	113°20'E		1932, 1934	29,30			
13	駐馬店	33°00'N	114°06'E		1922, 1923 1932, 1933	10,11,29			
14	汝南	32°41'N	114°40'E		1931, 1932, 1934	29,30			
15	遂平	33°10'N	114°04'E		1934	30			
16	鎮平	33°09'N	112°18'E		1934	30			
17	沈邱	33°01'N	115°22'E		1932	30			
18	項城	33°16'N	114°50'E		1931, 1932, 1934	29,30			
19	上蔡	33°17'N	114°20'E		1931, 1932, 1934	29,30			
20	舞陽	33°27'N	113°37'E		1932, 1934	29,30			
21	商水	33°34'N	114°38'E		1932, 1934	29,30			
22	郾城	33°36'N	114°02'E		1931, 1932, 1934	29,30			
23	葉縣	33°39'N	113°14'E		1932	30			
24	南召	33°32'N	112°33'E		1934	30			
25	鹿邑	33°52'N	115°28'E		1932	30			

附表二　各省測候站

河南省(續)

＊表示5—10年之記錄　＊＊表示10年以上者

站號	地名	緯度	經度	高度	雨量 記錄年份	雨量 材料來源	温度 記錄年份	温度 材料來源	其他
26	淮陽	33°49′N	114°58′E		1925—1934	30			
27	周家口	33°39′N	114°40′E		1922 1923 1932 1933	10,11			
28	西華	33°51′N	114°23′E		1932	30			
29	臨潁	33°48′N	113°59′E		1932	30			
30	襄城	33°50′N	113°28′E		1932	30			
31	寶豐	33°52′N	112°59′E		1932	30			
32	太康	34°01′N	114°56′E		1905—1907 1915—1917,1932	10,11, 30,29	1906	4	
33	扶溝	34°09′N	114°23′E		1925, 1926, 1931, 1932, 1934	29,30,6			
34	鄢陵	34°09′N	114°11′E		1934	30			
35	許昌	34°02′N	113°52′E		1931, 1934	30			
36	郏縣	33°58′N	113°08′E		1931, 1932, 1934	30			
37	盧氏	34°00′N	110°44′E		1933	30			
38	永城	33°59′N	116°19′E		1931, 1932, 1934	29,30			
39	夏邑	34°17′N	116°11′E		1932	30			
40	商邱	34°30′N	115°42′E		1932	30			

41	寧陵	34°28′N	115°21′E		1931, 1932, 1934	30			
42	睢縣	34°26′N	115°05′E		1932, 1934	29,30			
43	杞縣	34°32′N	114°48′E		1922—1923 1931—1933	29,10, 11,30			
44	通許	34°30′N	114°29′E		1931, 1932, 1934	29,30			
45	洧川	34°19′N	113°59′E		1931—1932	29,30			
46	長葛	34°16′N	113°52′E		1932	30			
47	新鄭	34°23′N	113°44′E		1932—1934	29,30			
48	禹縣	34°13′N	113°19′E		1931, 1932, 1934	29,30			
49	密縣	34°30′N	113°16′E		1931, 1932, 1934	29,30			
50	登封	34°32′N	112°54′E		1932, 1934	29,30			
51	臨汝	34°12′N	112°45′E		1931, 1932, 1934	29,30			
52	宜陽	34°37′N	112°09′E		1932—1934	29,30			
53	洛寧	34°22′N	111°38′E		1932—1934	29,30			
54	虞城	34°34′N	115°59′E		1931, 1932, 1934	29,30			
55	民權	34°41′N	115°11′E		1931, 1932, 1934	29,30			
56	開封	34°49′N	114°49′E		1931—1934	29,30			
57	開封	34°43′N	114°24′E		1922—1934	5,6,8,26 27,30	1932—1934	31,17	
58	陳留	34°41′N	114°32′E		1932, 1934	29,30			
59	中牟	34°43′N	114°02′E		1932, 1934	29,30			

附表二　各省測候站　　八三

河　南　省(續)

*表示5—10年之記錄　**表示10年以上者

站號	地名	緯度	經度	高度	雨量 記錄年份	雨量 材料來源	温度 記錄年份	温度 材料來源	其他
60	鄭縣	34°45'N	113°40'E		1931, 1932, 1934	29,30			
61	滎陽	34°48'N	113°20'E		1932, 1934	29,30			
62	密縣	34°51'N	113°00'E		1933, 1934	30			
63	偃師	34°46'N	112°47'E		1931, 1932, 1934	29,30			
64	孟津	34°52'N	112°39'E		1932——1934	29,30			
65	洛陽	34°41'N	112°28'E		1931——1934	29,30			
66	新安	34°48'N	112°06'E		1931——1934	29,30			
67	澠池	34°50'N	111°40'E		1933——1934	29,30			
68	陝縣	34°50'N	111°00'E		1919——1931 **	8			
69	靈寶	34°42'N	110°49'E		1932——1934	29,30			
70	閿鄉	34°37'N	110°31'E		1931, 1933, 1934	29,30			
71	考城	34°58'N	115°02'E		1931——1934	29,30			
72	廣武	34°54'N	113°26'E		1932——1934	29,30			
73	汜水	34°53'N	113°13'E		1932——1934	29,30			
74	封邱	35°02'N	114°24'E		1932——1933	29,30			

75	延　津	35°09'N	114°13'E		1931---1933	20,30			
76	陽　武	35°03'N	114°00'E		1931—1932	20,30			
77	原　武	35°00'N	113°16'E		1931—1934	29,30			
78	武　陟	35°06'N	113°23'E		1931—1934	29,30			
79	沁　陽	35°06'N	112°55'E		1931—1934	29,30			
80	溫　縣	34°57'N	113°06'E		1932---1934	29,30			
81	孟　縣	34°57'N	112°45'E		1932—1933	29,30			
82	濟　源	35°08'N	112°32'E		1933—1934	29,30			
83	修　武	35°14'N	113°28'E		1931, 1932, 1934	29,30			
84	獲　嘉	35°17'N	113°40'E		1931, 1932, 1934	29,30			
85	新　鄉	35°19'N	113°53'E		1931, 1932, 1934	29,30			
86	汲　縣	35°22'N	114°03'E		1919—1927 1931, 1932,1934	6,5,30	1912—1914	4	
87	滑　縣	35°33'N	114°34'E		1932, 1934	29,30			
88	道口鎮	35°34'N	114°28'E		1924—1927	8			
89	濬　縣	35°40'N	114°32'E		1931, 1932, 1934	29,30			
90	淇　縣	35°36'N	114°12'E		1934	30			
91	內　黃	35°54'N	114°53'E		1932	30			
92	安　陽	36°04'N	114°20'E		1920—1926, 1932, 1934	29,8,30			
93	湯　陰	35°55'N	114°21'E		1932, 1934	29,30			

河　南　省(續)

＊表示5—10年之記錄　＊＊表示10年以上者

站號	地名	緯度	經度	高度	雨量		溫度		其他
					記錄年份	材料來源	記錄年份	材料來源	
94	林縣	36°01'N	113°51'E		1932, 1934	29,30			
95	臨漳	36°21'N	114°34'E		1934	30			
96	涉縣	36°38'N	113°50'E		1931, 1932	29,30			
97	武安	36°44'N	114°16'E		1932, 1934	29,30			
98	泌河鎮	32°21'N	113°30'E		1932	29,30			
99	周口鎮	33°39'N	114°40'E		1931	30			

河　北　省

＊表示5—10年之記錄　＊＊表示10年以上者

站號	地名	緯度	經度	高度	雨量		溫度		其他
					記錄年份	材料來源	記錄年份	材料來源	
1	濮陽壩頭	35°41'N	114°59'E		1931—1933	15			
2	大名	36°19'N	115°12'E		1908—1910, 1917—1918 ＊＊ 1920—1933	5,6	1908—＊—1916	4	
3	廣平	36°30'N	114°58'E		1922—＊—1928	8			
4	永年	36°42'N	114°43'E	43M	1928—1932 (1931缺)	8			

5	威　縣	36°59′N	115°23′E	36.0M	1907—1911	5			
6	刑　台	37°04′N	114°30′E		1924—1926	8			
7	冀　縣	37°37′N	115°42′E	25M	1921—1926 1929—1932 (1931 缺)	8			
8	衡　水	37°46′N	115°47′E	24M	1920—1932 (1931 缺)	8			
9	吳橋連鎮	37°48′N	116°29′E		1931—1933	12			
10	南皮泊頭鎮	38°05′N	116°35′E		1931—1933	12			
11	深澤縣	38°06′N	115°06′E	39M	1920—1932	8			
12	獲　鹿	38°05′N	114°18′E		1922—1925	5			
13	獻　縣	38°17′N	116°05′E		1918—1931	8			
14	張家莊	38°13′N	116°14′E	30M	1877—1883 1916—1920	5	1877—1916 (12)	4	
15	臧家橋	38°15′N	116°07′E	14M	1919—1932 (1926,1928,1931 缺)	8			
16	滄　縣	38°19′N	116°52′E		1931—1933	12			
17	河間沙河橋	38°23′N	116°21′E		1930—1933	13			
18	博野北板橋	38°28′N	115°28′E		1930—1933	14			
19	河間留各莊橋	38°35′N	116°31′E		1930—1933	13			
20	大城姚馬渡	38°40′N	116°50′E		1930—1933	13			

附表二　各省測候站

八七

河北省(續)

*表示5—10年之記錄　**表示10年以上者

站號	地名	緯度	經度	高度	雨量 記錄年份	雨量 材料來源	溫度 記錄年份	溫度 材料來源	其他
21	馬廠	38°41′N	116°50′E		1921—*—1932 (1927,1931 缺)	8			
22	大城王口鎮	38°42′N	116°38′E		1930——1933	13			
23	高陽東結口	38°42′N	115°47′E		1930——1933	14			
24	靜海唐官屯	38°43′N	116°56′E		1931——1933	12			
25	任邱十方院	38°43′N	116°06′E		1930——1933	14			
26	清苑	38°52′N	115°29′E	21M	1921—*—1932 (1925,1926,1928,1931不全)	8	1929—*—1933	1,2	
27	天津小站	38°55′N	117°26′E		1931——1933	12			
28	雄縣	38°58′N	115°30′E	13M	1920—**—1929	8			
29	新鎮	39°1′ N	116°21′E	7M	1919—**—1932	8			
30	霸縣蘇橋鎮	39°03′N	116°30′E		1930——1933	14			
31	容城李家營	39°03′N	115°52′E		1930——1933	14			
32	塘沽	39°06′N	117°11′E	3.7M	1910—**—1933	5,7,2	1928—*—1933	1,2,4	
33	永清雙營鎮	39°07′N	116°45′E	14M	1919—**—1932 (1922,1926,1930,1931 缺)	8			

34	楊柳青	39°08'N	116°59'E	8M	1919—1932 (1931缺)	8			
35	天津	39°09'N	117°11'E	5M	1891—1933	5,23,C	1907—1916	4	
36	天津邵各莊	39°10'N	117°10'E		1931—1933	12			
37	通縣馬頭鎮	39°18'N	116°46'E	22M	1928—1932 (1931缺)	8			
38	容城高橋	39°20'N	115°50'E	18M	1921—1927	8			
39	唐山市	39°22'N	118°42'E		1924—1927 1932	8			
40	武清蔡村	39°32'N	116°59'E	9M	1921—1927	8			
41	武清楊村	39°32'N	116°32'E	8M	1928, 1929 1932	8			
42	涿縣馬頭鎮	39°34'N	116°07'E	24M	1921—1923	8			
43	良鄉金門閘	39°35'N	116°15'E	37M	1921—1929 1932	8			
44	房山張坊鎮	39°39'N	115°40'E	107M	1925—1930 1932	8			
45	香河	39°46'N	116°59'E	17M	1926—1930 1932	8			
46	長辛店	39°50'N	116°15'E	52M	1904—1905	5	1905—1916	4	
47	蘆溝橋	39°52'N	116°12'E	65M	1919—1929 1932	8			
48	玉田	39°53'N	117°45'E		1924—1930 1932	8			

附表二　各省測候站

河　北　省(續)

＊表示5—10年之記錄　＊＊表示10年以上者

站號	地名	緯度	經度	高度	雨量 記錄年份	雨量 材料來源	溫度 記錄年份	溫度 材料來源	其他
49	北平	39°54′N	116°28′E	42.8M	1841—1855•, 1860—1861•, 1869—1883, 1880—1899, 1905—1908, 1914—1927, 1930—1933	24	1841—1876, 1915—•—•—1933	1,2, 32,33	
50	秦皇島	39°55′N	119°38′E	18.3M	1909••—1933 (1915缺)	2,7,5	1909•—1916	4	
51	通縣	39°55′N	116°40′E	26M	1919••—1930 1932	8			
52	宛平三家店	40°00′N	116°06′E	109M	1921••—1930 1932	8			
53	順義蘇莊	40°00′N	116°50′E	25M	1919••—1930 1932	8			
54	大沽	38°56′N	117°52′E	3M			1914—1916	4	
55	北方大港	39° N	118° E		1931—1933	2	1931—1933	2	

山　西　省

＊表示5—10年之記錄　＊＊表示10年以上者

站號	地名	緯度	經度	高度	雨量 記錄年份	雨量 材料來源	溫度 記錄年份	溫度 材料來源	其他
1	天鎮	40°27′N	114°06′E		1922—1925	5	1921•—1925	34	

2	陽　高	40°22′N	113°44′E		1925—1930 1932	8	1921—1925	34	
3	大　同	40°07′N	113°18′E		1920—1926	8	1921—1925	34	
4	左　雲	40°00′N	112°42′E				1921—1925	34	
5	右　玉	40°08′N	112°20′E				1921—1925	34	
6	渾　源	39°50′N	114°40′E		1921—1922 1924—1926 1928,1932,1930	8,29	1921—1925	34	
7	懷　仁	39°50′N	113°05′E				1921—1925	34	
8	平　魯	39°46′N	112°06′E				1921—1925	34	
9	廣　靈	39°44′N	114°08′E				1921—1925	34	
10	靈　邱	39°24′N	114°04′E				1921—1925	34	
11	應　縣	39°34′N	113°12′E				1921—1925	34	
12	山　陰	39°27′N	112°55′E				1921—1925	34	
13	朔　縣	39°19′N	112°25′E		1932, 1934	29,30	1921—1925	34	
14	繁　峙	39°12′N	113°09′E				1921—1925	34	
15	代　縣	39°08′N	112°51′E		1928—1930	8	1921—1925	34	
16	神　池	39°05′N	112°12′E				1921—1925	34	
17	寧　武	38°59′N	112°17′E		1934	30	1921—1925	34	
18	五　寨	38°55′N	111°49′E				1921—1925	34	
19	偏　關	39°28′N	111°24′E				1921—1925	34	

附表二　各省測候站　　九一

山西省(續)

＊表示5—10年之記錄　＊＊表示10年以上者

站數	地名	緯度	經度	高度	雨量 記錄年份	雨量 材料來源	溫度 記錄年份	溫度 材料來源	其他
20	河西	35°43′N	113°02′E				1921—*—1925	34	
21	保德	39°01′N	111°03′E				1921—*—1925	34	
22	岢嵐	38°43′N	111°32′E				1921—*—1925	34	
23	興縣	38°28′N	111°01′E				1921—*—1925	34	
24	嵐縣	38°17′N	111°33′E				1921—*—1925	34	
25	靜樂	38°23′N	111°52′E				1921—*—1925	34	
26	崞縣	38°49′N	112°47′E				1921—*—1925	34	
27	五台	38°43′N	113°16′E		1932	30	1921—*—1925	34	
28	定襄	38°28′N	112°58′E				1921—*—1925	34	
29	忻縣	38°28′N	112°45′E		1920——1926 1928—**—1930 1932	8,29	1921—*—1925	34	
30	盂縣	38°06′N	113°23′E				1921—*—1925	34	
31	方山	37°59′N	111°24′E		1933	30	1921—*—1925	34	
32	臨縣	37°57′N	110°58′E				1921—*—1925	34	
33	平定	37°54′N	113°36′E		1923——1926 1928—*—1930 1932	8	1921—*—1925	34	

34	壽陽	37°54'N	113°06'E		1922—1926, 1931	8	1921—1925	34	
35	榆次	37°39'N	112°14'E				1921—1925	34	
36	太原	37°54'N	112°31'E	803.0M	1929—1933	1	1929—1933	1	
37	清源	37°36'N	112°22'E				1921—1925	34	
38	昔陽	37°39'N	113°39'E				1921—1925	34	
39	徐溝	37°32'N	112°31'E				1921—1925	34	
40	太谷	37°23'N	112°33'E		1932, 1933	30	1921—1925	34	
41	交城	37°33'N	112°12'E				1921—1925	34	
42	祁縣	37°19'N	112°19'E				1921—1925	34	
43	和順	37°19'N	113°37'E				1921—1925	34	
44	文水	37°22'N	112°02'E				1921—1925	34	
45	平遙	37°12'N	112°10'E		1920—1931	8	1921—1925	34	
46	汾陽	37°16'N	111°47'E		1925	5	1921—1925	34	
47	中陽	37°15'N	111°13'E				1921—1925	34	
48	離石	37°29'N	111°04'E				1921—1925	34	
49	孝義	37°05'N	111°47'E				1921—1925	34	
50	介休	36°58'N	111°54'E				1921—1925	34	
51	榆社	36°59'N	113°03'E		1932	30	1921—1925	34	

附表二 各省測候站

山　西　省(續)

＊表示5—10年之記錄　＊＊表示10年以上者

站號	地名	緯度	經度	高度	雨量 記錄年份	雨量 材料來源	溫度 記錄年份	溫度 材料來源	其他
52	遼縣	37°02'N	113°29'E		1922—1925	5	1921—1925 *	34	
53	武鄉	36°45'N	112°58'E				1921—1925 *	34	
54	沁縣	36°39'N	112°45'E				1921—1925 *	34	
55	沁源	36°34'N	112°19'E				1921—1925 *	34	
56	靈石	36°51'N	111°46'E				1921—1925 *	34	
57	汾西	36°37'N	111°32'E				1921—1925 *	34	
58	隰縣	36°38'N	110°59'E				1921—1925 *	34	
59	石樓	36°58'N	110°57'E				1921—1925 *	34	
60	大寧	35°35'N	112°30'E				1921—1925 *	34	
61	蒲縣	36°10'N	111°05'E				1921—1925 *	34	
62	吉縣	36°06'N	110°36'E				1921—1925 *	34	
63	鄉寧	36°00'N	110°47'E				1921—1925 *	34	
64	霍縣	36°34'N	111°44'E				1921—1925 *	34	
65	趙城	36°25'N	111°43'E				1921—1925 *	34	
66	洪洞	36°15'N	111°42'E				1921—1925 *	34	

67	臨汾	36°05'N	111°31'E				1921——1925	34	
68	浮山	36°03'N	111°54'E				1921——1925	34	
69	安澤	36°15'N	112°02'E				1921——1925	34	
70	陵川	35°43'N	113°25'E		1934	30	1921——1925	34	
71	沁水	35°44'N	112°15'E				1921——1925	34	
72	翼城	35°46'N	111°46'E				1921——1925	34	
73	曲沃	35°38'N	111°30'E				1921——1925	34	
74	襄陵	35°58'N	111°24'E				1921——1925	34	
75	汾城	35°48'N	111°16'E		1932	30	1921——1925	34	
76	新絳	35°38'N	111°13'E		1932, 1933	29,30	1921——1925	34	
77	絳縣	35°29'N	111°28'E				1921——1925	34	
78	稷山	35°37'N	110°54'E				1921——1925	34	
79	河津	35°36'N	110°37'E				1921——1925	34	
80	聞喜	35°23'N	111°05'E				1921——1925	34	
81	萬泉	35°26'N	110°43'E		1932; 1934	29;30	1921——1925	34	
82	垣曲	35°02'N	111°45'E				1921——1925	34	
83	夏縣	35°13'N	111°06'E				1921——1925	34	
84	猗氏	35°14'N	110°42'E		1933——1934	30	1921——1925	34	
85	榮河	35°20'N	110°23'E				1921——1925	34	

附表二 各省測候站

山西省(續)

＊表示5—10年之記錄　＊＊表示10年以上者

站數	地名	緯度	經度	高度	雨量 記錄年份	雨量 材料來源	溫度 記錄年份	溫度 材料來源	其他
86	臨晋	35°10′N	110°25′E				1921—*—1925	34	
87	安邑	35°06′N	110°51′E				1921—*—1925	34	
88	解縣	34°59′N	110°42′E		1931——1933	29,30	1921—*—1925	34	
89	平陸	34°51′N	111°00′E				1921—*—1925	34	
90	虞鄉	34°56′N	110°28′E				1921—*—1925	34	
91	芮城	34°46′N	110°35′E		1933	30	1921—*—1925	34	
92	永濟	34°52′N	110°07′E				1921—*—1925	34	
93	長治	36°05′N	113°03′E		1920—*—1926	8			
94	晋城	35°31′N	112°56′E		1922—*—1927 1931——1932,1934	29,8,30			
95	襄垣	36°28′N	113°10′E		1932	30			
96	壺關	36°02′N	113°22′E		1934	30			
97	高平	35°48′N	113°04′E		1932, 1934	29,30			
98	香火地	40°38′N	112°52′E		1917, 1918	5			

陝 西 省

＊表示5—10年之記錄　＊＊表示10年以上者

站號	地名	緯度	經度	高度	雨量 記錄年份	雨量 材料來源	溫度 記錄年份	溫度 材料來源	其他
1	米脂	37°49′N	110°08′E		1934	30			
2	膚施	36°36′N	109°27′E		1934	30			
3	宜川	36°03′N	110°03′E		1932—1933	29,30			
4	郃陽	35°12′N	110°00′E		1933—1934	29,30,35			
5	澄城	35°04′N	109°44′E		1932—1934	29,30			
6	蒲城	34°59′N	109°30′E		1933—1934	29,30,35			
7	白水	35°05′N	109°26′E		1932—1933	29,30			
8	朝邑	34°48′N	109°58′E		1932—1934	29,30			
9	大荔	34°48′N	109°46′E		1932	29,30,35			
10	富平	34°44′N	109°07′E		1932—1934	29,30			
11	淳化	34°48′N	108°32′E		1932—1933	29,30			
12	邠縣	34°58′N	108°01′E		1933	29,30,35			
13	通遠坊	34°30′N	109°04′E	365.0M	＊＊1921, 1923 1925—1933	5,6	1921—＊1930	28	
14	三原	34°36′N	108°57′E		1934	35			
15	咸陽	34°20′N	108°40′E		1934	29,30,35			

附表二　各省測候站

陝西省(續)

* 表示5—10年之記錄　** 表示10年以上者

站號	地名	緯度	經度	高度	雨量 記錄年份	雨量 材料來源	溫度 記錄年份	溫度 材料來源	其他
16	麟遊	34°34'N	107°37'E		1932—1933	29,30			
17	岐山	34°27'N	103°31'E		1933—1934	29,30,35			
18	鳳翔	34°23'N	103°17'E		1933—1934	29,30,35			
19	隴縣	34°47'N	106°44'E		1933	29,30,35			
20	寶雞	34°16'N	106°58'E		1933	29,30,35			
21	華陰	34°35'N	109°55'E		1933	30			
22	華縣	34°32'N	109°40'E		1934	29,30,35			
23	渭南	34°28'N	109°24'E		1934	29,30,35			
24	臨潼	34°21'N	109°03'E		1932—1933	29,30			
25	西安	34°21'N	108°50'E	395.0M	1922**1933	31	1923*1925 1932—1934	31	
26	雒南	34°08'N	109°40'E		1932—1933	29,30			
27	郿縣	34°11'N	107°40'E		1933	29,30,35			
28	商縣	33°51'N	109°46'E		1934	29,30,35			
29	留壩	33°38'N	106°57'E		1934	30			
30	城固	33°10'N	107°20'E		1924*1930	5,6			

31	南鄭	33°05'N	107°04'E		1931—1933	29,30,35			
32	安康	32°40'N	109°15'E		1924—1926	5			
33	洛川	35°49'N	109°29'E		1931—1933	35			
34	韓城	35°28'N	110°21'E		1932—1933	35			
35	潼關	34°40'N	110°09'E		1932—1933	35			
36	中部	35°35'N	109°11'E		1932—1933	35			
37	寶雞陽平鎮	34°13'N	107°21'E		1932—1933	35			
38	扶風	34°16'N	107°45'E		1932	35			
39	武功	34°18'N	107°59'E		1932—1933	35			
40	乾縣	34°29'N	108°08'E		1932	35			
41	興平	34°17'N	108°25'E		1932—1933	35			
42	盩厔	34°11'N	108°05'E		1932	35			
43	鄠縣	34°07'N	108°32'E		1932	35			
44	長武	35°10'N	107°47'E		1932—1933	35			
45	栒邑	35°08'N	108°22'E		1932	35			
46	醴泉	34°27'N	108°22'E		1932	35			
47	高陵	34°31'N	109°06'E		1932	35			
48	交口	34°32'N	109°19'E		1932	35			
49	石泉	33°06'N	108°25'E		1932—1933	35			

附表二 各省測候站

甘肅省

*表示5—10年之記錄　**表示10年以上者

站號	地名	緯度	經度	高度	雨量 記錄年份	雨量 材料來源	溫度 記錄年份	溫度 材料來源	其他
1	蘭州	36°03'N	103°48'E	155.6M	1933—1934	19,6	1932—1934	2	
2	寧縣	35°28'N	107°49'E		1934	30			
3	清水	34°47'N	105°49'E		1934	30			
4	松樹嘴莊						1882—1888	4	

察哈爾

*表示5—10年之記錄　**表示10年以上者

站號	地名	緯度	經度	高度	雨量 記錄年份	雨量 材料來源	溫度 記錄年份	溫度 材料來源	其他
1	蔚縣	39°50'N	114°30'E		1922—1925 1932, 1934	29,30			
2	陽原	40°05'N	114°12'E		1934	30			
3	涿鹿	40°20'N	115°11'E		1932	30			
4	楊家坪	39°53'N	115°24'E		1925, 1928, 1929, 1932	29,5			
5	懷來	40°22'N	115°42'E		1932	30			
6	宣化	40°37'N	115°01'E		1932, 1934	29,30			

站號	地名	緯度	經度	高度	雨量 記錄年份	雨量 材料來源	溫度 記錄年份	溫度 材料來源	其他
7	張家口	40°50′N	114°55′E		1919——1931	8			
8	延慶	40 30′N	115°59′E		1932	30			
9	龍關	40°45′N	115°40′E		1934	30			
10	赤城	40°55′N	115°53′E		1932, 1934	29,30			
11	獨石口	41°21′N	115°46′E		1932	30			
12	商都	41°31′N	113°41′E		1932	30			
13	蔚縣桃花堡	40°01′N	114°59′E		1932,(1934)	30			
14	西灣子	40°58′N	115°18′E	1167M	1881——1886 1917——1933	5,6	1882——1887	4,6	

綏遠省

＊表示5—10年之記錄　＊＊表示10年以上者

站號	地名	緯度	經度	高度	雨量 記錄年份	雨量 材料來源	溫度 記錄年份	溫度 材料來源	其他
1	包頭縣	40°31′N	111°42′E	870M	1920——1925	5			
2	廿四頃地	40°36′N	111°30′E	1025M	1917, 1920——1930	5,6	1911——1916	4,28	
3	薩拉齊	40°33′N	110°30′E		1921 1923——1928 1931——1933	20,29			
4	歸化縣	40°48′N	111°38′E		1920——1925	5			
5	集寧	40°58′N	113°02′E		1932, 1934	29			

附表二　各省測候站　　101

綏遠省(續)

＊表示5—10年之記錄　＊＊表示10年以上者

站號	地名	緯度	經度	高度	雨量 記錄年份	雨量 材料來源	温度 記錄年份	温度 材料來源	其他
6	豐鎮	40°27'N	113°38'E		1932	30			
7	二道河	41°03'N	119°47'E		1932	30			
8	茂明安	41°33'N	113°03'E	1000M			1907——1909	4	
9	南壕塹	41°05'N	113°53'E	1683M	1925 1930——1933	5	1912	4	
寧1	三道河	40°15'N	106°42'E			5		39	

江蘇省

＊表示5—10年之記錄　＊＊表示10年以上者

站號	地名	緯度	經度	高度	雨量 記錄年份	雨量 材料來源	温度 記錄年份	温度 材料來源	其他
1	淮陰	33°35'N	119°05'E		1913——1923 ＊＊ 1930——1933	10,11	1914——1915 ＊ 1922——1924	26	
2	阜寧	33°46'N	119°50'E		1921——1923 ＊ 1925——1928 1931	10,11			
3	宿遷	33°58'N	118°22'E		1921—1923　1919 1925——1928 ＊ 1931——1932	10,11			

4	響水口	34°12'N	119°37'E		1917,1919, 1920,1923 * 1930—1933	10,11			
5	徐州	34°18'N	117°16'E		1916—1919 * 1922,1923, 1927, 1928,1931, 1932	10,11	1929 * —1933	31	
6	洋橋	34°28'N	119°18'E		1916, 1918, 1919 * 1922, 1923	11			
7	滸上集	34°32'N	118°10'E		1916 * —1923 1932—1933	10,11			
8	東海	34°34'N	119°12'E		1918 * —1923	10,11	1918 * —1922	26	
9	贛榆	34°53'N	119°10'E		1923,1927, 1928,1931	10,11			
10	界首	32°59'N	119°27'E		1921—1923 * 1925—1928	10,11			
11	白駒	33°08'N	120°19'E		1921—1927	26			

附表二 各省測候站

一〇三

安徽省

＊表示5—10年之記錄　＊＊表示10年以上者

站號	地名	緯度	經度	高度	雨量 記錄年份	雨量 材料來源	温度 記錄年份	温度 材料來源	其他
1	霍邱	32°22'N	116°15'E		1907—*—1911	5	1891—**—1916	4	
2	正陽關	32°32'N	116°35'E		1922,1923, 1932,1933	10,11			
3	蚌埠	32°57'N	117°23'E		1918——1923 1925—**—1928 1932——1933	10,11			
4	阜陽	32°57'N	115°50'E		1922,1923, 1932	11			
5	盱眙	33°03'N	118°34'E		1918——1923 1925—**—1928 1931——1933	25			
6	泗縣	33°30'N	117°57'E		1922,1923, 1932,1933	10,11			
7	宿縣	33°41'N	117°02'E		1917 1920,1922, 1929	5,6	1916—**—1931	23	
8	亳縣	33°54'N	115°48'E		1922,1923, 1932,1933	10,11			
9	鳳陽	32°53'N	117°36'E		1926——1928	5			
10	懷遠	32°58'N	117°15'E		1926——1928	5			
11	五河	33°10'N	117°56'E		1926——1928	5			

附表三 各地雨量表

*表示五——十年（單位 毫米m.m.）**表示十年以上

站號	1	2	3	4	5	6
地名	嶧縣	臨*沂	金鄉	菏澤縣	鉅野縣	嘉祥縣
一月	10.5	19.7	11.4	7.3	7.0	14.0
二月	18.3	18.3	14.3	2.3	2.9	12.0
三月	16.9	28.1	11.9	4.5	17.6	23.0
四月	55.9	62.8	28.0	18.7	13.4	21.3
五月	125.1	62.4	68.5	59.9	63.5	69.0
六月	94.1	72.8	60.9	56.8	93.6	58.7
七月	144.8	146.4	93.0	87.9	103.6	101.2
八月	182.5	237.4	219.7	199.3	190.0	122.7
九月	90.0	75.4	70.6	81.1	86.2	87.8
十月	20.0	21.0	11.7	17.5	3.1	17.8
十一月	16.3	11.9	9.5	20.7	22.3	10.1
十二月	36.1	45.0	22.1	29.3	28.3	23.8
全年	790.5	801.2	621.6	585.3	631.5	511.4
最高年	1931/974.1	1931/1339.2	1930/782.1	1931/684.6	1931/803.4	1931/698.0
最低年	1932/613.4	1932/317.5	1932/463.9	1932/381.6	1932/506.3	1932/304.0
一日最大量 雨量						
年						
月						
日						
記錄年份	1930—1933	1927—1932	1930—1933	1931—1933	1931—1933	1930—1933
備註						

各地雨量表(續)

＊表示五——十年(單位 毫米 日.日.) ＊＊表示十年以上

站號	7	8	9	10	11	12
地名	滋陽縣	泗水縣	泰陰縣	沂水縣	汶上縣	諸城縣
一月	14.1	1.3	5.7	5.0	7.5	7.3
二月	8.3	14.2	1.8	13.8	12.8	2.4
三月	5.6	15.4	12.6	25.4	10.5	10.2
四月	20.5	27.2	38.1	31.8	20.3	27.3
五月	52.8	77.6	56.4	112.2	65.3	68.3
六月	86.2	41.6	76.7	65.4	44.7	50.4
七月	63.4	196.7	165.7	148.0	77.8	83.8
八月	228.4	191.8	216.3	403.1	115.3	168.1
九月	50.6	52.2	85.5	95.9	47.6	61.5
十月	8.4	24.3	9.1	22.0	50.7	15.2
十一月	16.7	19.7	20.5	39.9	11.7	18.7
十二月	20.7	22.4	28.7	47.3	19.1	82.7
全年	565.7	684.4	717.1	1009.8	463.3	495.9
最高年	1931/834.8	1930/840.1	1933/826.2	1931/1408.6	1931/745.4	1933/786.4
最低年	1932/246.7	1932/532.6	1931/567.1	1932/ 837.1	1930/267.9	1932/309.7
一日最大最 雨量						
一日最大最 年						
一日最大最 月						
一日最大最 日						
記錄年份	1931—1933	1930—1932	1931—1933	1930—1933	1930—1933	1931—1933
備註						

附表三 各地雨量表

19	18	17	16	15	14	13
泰安縣	文登縣	張店	青島	范縣	東平縣	新泰縣
2.7	7.1	2.7	11.83	8.0	7.4	3.2
8.3	1.5	0.3	8.45	5.9	8.6	8.8
20.1	11.0	8.5	20.76	8.7	25.1	1.7
34.0	25.6	11.7	83.76	12.4	22.6	20.7
76.3	51.5	40.0	89.73	88.7	82.0	74.5
117.1	89.1	48.7	85.55	103.2	62.1	69.5
239.3	159.7	94.4	148.51	84.3	199.9	189.5
285.6	261.4	190.6	153.88	160.6	806.8	230.4
47.7	85.3	87.2	88.33	88.2	45.6	42.2
16.4	51.8	2.2	36.68	1.0	4.5	1.3
16.9	25.4	20.2	20.19	14.7	7.4	18.7
14.1	15.6	25.8	17.12	13.5	11.4	11.0
880.5	785.0	477.3	664.29	479.2	733.4	686.8
1933/931.0	1931/1096.5	1933/568.9	1911/1359.4	1933/691.9	1930/1034.6	1930/748.1
1932/749.7	1930/ 335.5	1931/430.8	1919/ 337.5	1930/ 27.2	1932/ 459.4	1932/608.3
			167.4			
			1907			
			6			
			...			
1930—1933	1930—1932	1931—1933	1902—1933	1930—1933	1930—1933	1930—1932

一〇七

各地雨量表（續）

*表示五——十年（單位 毫米 m.m.）**表示十年以上

站號	20	21	22	23	24	25
地名	東阿縣	萊蕪縣	膠縣	高密縣	平陰縣	臨朐
一月	11.0	12.7	2.3	1.4	3.1	3.1
二月	82.0	16.4	11.8	11.1	10.9	1.5
三月	89.0	21.6	26.8	19.1	8.4	7.7
四月	47.2	13.7	39.3	33.8	11.2	29.0
五月	181.2	47.2	47.8	59.9	46.4	91.8
六月	273.7	60.7	60.7	48.7	43.4	118.9
七月	393.3	221.4	158.6	123.6	30.9	216.6
八月	305.5	160.3	135.7	244.2	317.8	142.2
九月	26.6	47.3	48.8	57.9	34.5	60.7
十月	33.2	25.7	15.0	22.3	10.7	29.2
十一月	39.8	16.2	14.2	16.0	27.3	25.1
十二月	30.5	18.9	18.9	19.8	12.9	19.7
全年	1412.5	662.1	579.9	657.8	557.5	745.5
最高年	1931/2124.9	1930/760.5	1931/842.2	1931/739.4	1931/1068.6	1933/917.3
最低年	1932/ 591.9	1931/531.4	1930/197.9	1932/548.1	1933/ 295.4	1932/604.7
一日最大量 雨量						
一日最大量 年						
一日最大量 月						
一日最大量 日						
記錄年份	1930—1932	1930—1932	1930—1932	1930—1933	1930—1933	1931—1933
備註						

附表三 各地雨量表

32	31	30	29	28	27	26
莘縣	茌平縣	淄川縣	館陶	長清縣	冠縣	博山縣
4.7	3.6	8.4	20.8	8.8	5.0	17.4
6.0	6.0	5.5	15.0	9.6	19.3	12.5
4.3	10.4	19.4	4.7	13.5	8.3	12.6
23.6	18.0	49.3	23.7	5.9	13.0	12.8
86.8	42.8	57.5	18.3	19.4	69.5	49.2
132.3	132.6	106.9	29.1	17.8	112.7	105.5
102.9	175.6	156.8	120.4	93.0	128.1	435.3
177.9	263.9	185.5	75.8	57.4	246.1	432.8
57.5	41.2	47.8	20.9	20.3	85.2	69.7
24.2	14.5	12.4	10.1	7.3	11.3	22.6
18.8	17.2	34.7	1.3	5.0	13.4	12.1
17.7	15.8	22.1	2.8	8.5	19.3	26.4
656.7	741.7	676.3	342.4	266.5	731.2	1208.9
1933/1051.4	1933/811.9	1933/955.5	1921/544.5	1930/447.2	1931/966.6	1931/1836.8
1930/ 476.7	1931/672.2	1930/431.1	1923/169.4	1932/109.3	1932/478.6	1932/ 780.9
			79.2			
			1921			
			1			
			27			
1930—1933	1930—1933	1930—1933	1920—1925	1930—1932	1930—1932	1930—1932

一〇九

各地雨量表(續)

*表示五——十年(單位 毫米 m.m.) **表示十年以上

站號	地名	一月	二月	三月	四月	五月	六月	七月	八月	九月	十月	十一月	十二月	全年	最高年	最低年	一日最大量 雨量	一日最大量 年	一日最大量 月	一日最大量 日	記錄年份	備註
83	益都縣	10.3	5.7	7.5	18.4	59.4	83.0	126.9	155.2	76.7	31.2	24.8	23.5	622.6	1931/763.0	1930/440.1					1930—1933	
84	昌樂縣	0.0	7.1	15.1	9.4	43.8	53.1	202.0	132.3	37.7	12.9	23.8	11.1	547.8	1931/651.5	1930/482.7					1930—1933	
85	海陽縣	3.3	12.8	36.2	47.7	63.9	77.0	224.0	223.3	53.2	15.6	18.5	17.2	792.7	1932/1336.5	1930/ 294.7					1930—1932	
86	齊河	0.1	7.5	4.5	5.7	81.9	42.6	184.6	266.2	28.8	1.0	16.5	10.2	599.6	1930/695.0	1931/550.2					1930—1932	
87	濟南	8.8	8.0	10.6	19.5	85.7	71.5	195.1	179.6	55.4	18.6	15.2	11.5	629.5	1921/1020.8	1919/ 346.3	165.0	1917	7	16	1916—1933	
88	昌邑	1.2	1.7	25.0	13.3	65.4	69.7	116.7	147.5	73.4	23.3	9.0	9.2	555.4	1930/660.6	1931/360.6					1930—1933	

附表三 各地雨量表

46	45	44	43	42	41	40	39
烏 鄉 頭''	光 岩	清 臨''	邱 章	口 洛''	平 清	淄 臨	度 平'
8.7	13.7	16.3	1.3	7.1	1.9	4.3	12.9
9.8	7.3	6.1	1.7	4.6	0.8	4.7	6.0
19.0	16.9	6.1	7.7	6.2	8.5	9.1	19.7
33.2	11.6	12.4	16.2	10.6	14.1	21.7	24.5
43.9	62.5	23.4	64.8	22.4	40.3	66.8	95.4
75.3	57.8	43.2	110.7	46.2	94.4	81.9	46.9
159.7	145.5	157.6	131.0	165.2	153.3	103.9	126.6
152.3	127.5	127.8	166.1	120.3	244.1	150.3	160.3
80.4	31.0	27.8	30.2	27.6	40.3	25.9	45.0
29.9	28.2	14.0	3.8	19.9	8.3	8.8	12.9
30.9	17.9	8.1	25.7	9.9	13.5	20.4	13.5
17.7	24.1	6.8	11.5	8.3	12.9	17.7	22.3
665.8	544.0	449.1	570.2	448.3	627.4	515.0	585.9
1914/1135.2	1933/736.5	1926/703.3	1933/601.0	1921/837.9	1933/784.7	1933/545.0	1931/788.5
1927/ 349.1	1932/419.7	1920/174.2	1931/539.0	1927/254.4	1930/454.8	1932/461.7	1930/360.1
221.0		154.8		108.7			
1929		1921		1921			
7		7		7			
13		17		18			
1887—1933	1930—1933	1919—1932 (1931不全)	1931—1933	1919—1929	1930—1933	1931—1933	1925—1933

一二一

各地雨量表(續)

*表示五——十年(單位 毫米 m.m.) **表示十年以上

站號	47	48	49	50	51	52
地名	濟陽經	夏津	廣饒	高苑	棲霞	青城
一月	3.0	2.5	7.3	0.0	1.6	1.4
二月	0.1	6.5	4.4	1.7	0.7	0.7
三月	4.4	8.0	5.7	2.0	0.7	2.7
四月	23.2	14.3	21.3	26.0	1.5	26.3
五月	16.3	46.5	79.7	59.8	1.5	43.9
六月	85.8	69.1	98.9	83.8	4.5	106.9
七月	179.4	188.5	103.1	110.1	81.7	134.8
八月	197.0	189.6	85.3	142.8	101.4	164.1
九月	34.0	24.4	18.1	21.9	35.7	20.1
十月	3.9	9.3	17.9	5.4	10.2	4.6
十一月	33.4	12.5	15.9	22.8	14.6	16.0
十二月	12.7	10.6	9.1	10.9	2.2	11.3
全年	593.2	581.8	466.7	487.2	256.3	532.3
最高年	1931/642.8	1933/771.4	1931/602.0	1931/540.0	1932/416.5	1931/629.2
最低年	1933/549.9	1931/386.5	1930/263.7	1933/457.5	1930/ 8.8	1933/462.7
一日最大量 雨量						
年						
月						
日						
記錄年份	1931—1933	1930—1933	1930—1933	1931—1933	1930—1933	1931—1933
備註						

附表三　各地雨量表

60	59	58	57	56	55	54	53
黄縣	蓬萊	芝罘**	惠民	成山頭**	朱家寨	恩縣	臨邑
9.7	8.8	14.6	1.5	9.1	2.6	5.1	3.3
5.2	10.0	10.3	1.1	6.0	2.9	6.1	3.3
11.3	24.1	16.7	3.9	14.5	7.9	1.9	3.3
33.0	24.2	25.8	8.5	30.1	21.1	6.5	15.5
70.9	63.8	37.8	42.9	34.2	29.3	42.0	40.0
89.7	81.1	55.8	28.3	62.8	91.0	31.2	14.8
108.8	151.9	166.4	139.5	129.9	102.3	117.0	79.1
181.7	151.6	156.1	187.9	129.9	187.3	200.6	170.0
63.4	70.8	62.5	23.1	67.7	35.0	12.6	25.9
6.7	5.7	28.0	13.1	28.5	13.2	9.2	28.4
37.2	14.0	27.6	7.5	24.9	8.8	9.6	0.0
15.5	14.0	20.0	0.4	14.4	2.8	1.2	0.0
583.1	618.5	621.6	457.7	552.0	449.2	443.0	383.6
1931/700.2	1931/752.8	1903/976.5	1931/512.1	1914/899.5	1923/473.9	1930/521.6	1931/419.9
1933/489.8	1933/552.4	1887/360.5	1932/374.2	1900/218.9	1925/438.5	1932/303.1	1932/331.8
		259.1		204.5			
		1918		1905			
		6		7			
		28		4			
1931—1933	1930—1933	1887—1933 (缺 1893, 1920)	1930—1932	1887—1933	1922—1925	1930—1932	1930—1932

一一三

各地雨量表(續)

*表示五——十年(單位 毫米 m.m.)**表示十年以上

站號	地名	一月	二月	三月	四月	五月	六月	七月	八月	九月	十月	十一月	十二月	全年	最高年	最低年	一日最大量 雨量	年	月	日	記錄年份	備註
61	無棣	3.4	8.1	1.9	7.0	40.2	60.7	131.3	137.3	20.9	8.9	17.3	6.1	443.1	1930/592.0	1932/353.9					1930—1933	
62	樂陵	6.8	7.2	23.0	10.2	71.1	131.7	218.5	110.1	18.9	1.7	10.6	3.8	608.6	1931/864.5	1933/454.9					1930—1933	
63	**鉄[illegible]島	4.5	7.1	8.5	20.6	34.0	55.3	186.8	102.7	52.3	20.3	17.1	4.9	464.1	1914/849.7	1899/265.8	177.3	1897	7	30	1887—1933	
64	泰山	5.8	5.9	26.8	20.3	54.0	158.2	242.0	243.7	81.4	22.2	19.7	20.4	899.9							1933—1934	
65	*聊城(東昌)	8.4	1.6	7.2	51.2	66.2	57.9	237.4	195.3	49.2	20.3	25.7	2.8	518.2							1925—1933	
66	威海衛	12.4	4.5	17.6	21.9	53.3	72.4	90.9	165.2	43.6	16.1	8.1	25.9	531.9							1932—1933	

附表三 各地雨量表

7	6	5	4	3	2	1
蘊*張	邢臺	成*縣	永年	廣*平	大**名	濮陽壩頭
2.2	0.0	17.8	4.3	3.3	9.7	4.3
6.0	1.5	3.7	7.2	5.5	13.6	1.0
6.8	2.8	10.4	5.4	5.8	9.8	11.8
13.8	11.7	17.7	17.8	17.8	16.3	21.2
20.9	20.8	25.5	19.0	23.7	26.1	69.0
53.2	33.7	83.4	27.7	16.9	68.8	75.9
164.0	340.5	144.3	158.3	214.5	126.5	175.8
127.3	129.2	182.2	152.3	81.3	145.1	99.8
16.1	21.7	99.5	33.2	7.1	78.3	70.7
6.6	14.3	30.5	7.1	19.6	18.1	5.1
5.4	22.7	33.0	5.4	12.2	10.2	21.2
4.4	3.8	3.4	10.4	4.4	7.7	15.2
426.7	602.2	651.4	448.1	412.1	529.7	571.0
1926/576.9	1924/860.0	1911/1120.7	1932/647.5	1926/590.0	1910/866.9	1933/661.9
1921/311.1	1926/429.0	1908/ 399.6	1928/262.3	1925/273.5	1920/251.0	1931/518.2
117.0	307.0	197.0		180.0	122.0	
1922	1924	1911		1924	1923	
6	7	8		7	8	
25	16	…		16	10	
1921—1926 1929—1932 (缺1931)	1924—1926	1907—1911	1928—1932 (缺1931)	1922—1926	1908—1910 1917—1918 1920—1933	1931—1933

一一五

各地雨量表（續）

＊表示五——十年（單位 毫米 m.m.）＊＊表示十年以上

站地號名	8	9	10	11	12	13
站地名	衡水＊＊	吳橋連鎮	南皮泊頭鎮	深澤＊＊	獲鹿	獻縣＊
一月	5.1	4.3	2.5	4.5	0.0	5.2
二月	5.6	3.7	1.2	8.3	6.2	3.7
三月	10.2	17.0	11.9	3.5	8.6	7.4
四月	11.5	14.2	16.3	9.6	22.4	7.1
五月	19.3	54.2	46.8	16.1	19.3	20.4
六月	87.3	74.9	81.4	46.5	27.2	47.8
七月	185.9	119.8	142.0	140.3	153.1	135.3
八月	112.4	107.8	90.1	115.0	118.4	111.8
九月	20.0	21.8	13.7	29.4	25.4	25.0
十月	6.1	1.0	1.8	5.8	4.3	6.5
十一月	10.1	13.3	13.2	7.2	0.0	9.7
十二月	4.9	5.3	6.3	2.0	0.0	5.7
全年	387.4	437.3	427.2	383.2	384.9	385.6
最高年	1932/536.1	1931/504.6	1932/476.7	1924/587.1	1925/564.8	1930/529.0
最低年	1927/197.0	1932/333.0	1931/383.4	1920/204.0	1923/334.9	1920/181.8
一日最大量 雨量	138.9			186.2	80.0	82.5
一日最大量 年	1924			1924	1925	1924
一日最大量 月	7			7	7	7
一日最大量 日	15			16	22	12
記錄年份	1920—1932（缺1931）	1931—1933	1931—1933	1920—1932	1922—1925	1918—1931
備註						

附表三 各地雨量表

21	20	19	18	17	16	15	14
馬廠*	姚馬渡	留各莊橋	北板橋	沙河橋	滄縣	臧家橋**	張家莊*
4.7	2.0	3.0	1.7	2.5	1.5	5.6	11.0
3.1	3.5	2.0	7.9	6.5	1.7	3.7	10.1
5.5	6.1	5.4	5.9	6.6	14.7	7.0	8.0
13.0	8.5	8.5	10.1	7.4	13.8	7.6	20.1
24.4	21.7	20.5	19.8	24.5	35.0	23.2	32.0
58.2	79.5	87.9	101.4	79.0	95.2	48.8	53.3
186.4	126.0	119.1	192.1	127.4	128.2	128.1	111.3
150.3	129.0	133.1	125.0	157.1	151.2	106.0	113.6
29.6	15.5	14.5	19.8	21.1	15.1	24.8	82.4
9.5	4.3	7.1	12.9	8.2	4.5	7.6	19.9
6.2	8.8	8.5	3.8	8.3	17.7	1.7	13.5
5.0	5.8	6.6	3.0	6.4	6.3	4.8	2.6
495.9	410.7	416.2	503.4	455.0	484.9	368.9	477.8
1928/793.9	1933/458.1	1930/593.2	1930/525.1	1930/563.0	1931/502.0	1930/529.0	1879/813.6
1925/371.4	1931/326.0	1932/311.0	1931/267.7	1933/377.0	1933/472.5	1920/181.8	1877/276.1
103.6						82.5	162.0
1924						1924	1879
8						7	8
3						12	10
1921—1932 (缺1927, 1931)	1930—1933	1930—1933	1930—1933	1930—1933	1931—1933	1919—1932 (缺1926, 1928, 1931)	1877—1883 1916—1920

一一七

各地雨量表(續)

*表示五—十年（單位 毫米 日.日.）**表示十年以上

站號	22	23	24	25	26	27
地名	王口鎮	東緒口	唐官屯	任邱十方院	清苑*	天津小站
一月	2.2	1.0	2.2	1.2	6.1	2.3
二月	1.4	7.5	1.5	5.0	5.3	1.8
三月	6.5	5.2	8.7	6.7	7.6	11.5
四月	7.8	6.2	11.0	4.9	10.8	10.1
五月	29.0	16.2	32.8	33.6	34.3	33.3
六月	60.8	72.7	74.0	84.5	44.6	76.3
七月	128.4	153.8	113.5	144.9	246.2	105.5
八月	108.9	133.7	127.8	125.5	187.1	126.4
九月	10.4	21.0	14.8	22.4	33.1	15.5
十月	1.1	9.0	2.0	5.1	17.7	1.4
十一月	10.6	4.8	15.3	5.4	3.3	14.5
十二月	7.1	7.2	5.3	5.3	2.3	4.4
全年	374.2	440.3	408.9	444.5	598.4	402.5
最高年	1930/468.1	1932/538.7	1933/480.8	1930/548.4	1930/1008.4	1931/477.1
最低年	1931/269.5	1931/287.8	1931/372.5	1933/319.1	1921/288.7	1932/329.0
一日最大量 雨量					248.5	
一日最大量 年					1924	
一日最大量 月					7	
一日最大量 日					12	
記錄年份	1930—1933	1930—1933	1931—1933	1930—1933	1921—1932 (缺1925,1926 1928,1931)	1931—1933
備註						

附表三 各地雨量表

35	34	33	32	31	30	29	28
天津··	楊柳青··	雙營鎮··	塘沽··	容城李家營	蘇橋鎮	新鎮··	雄縣··
4.3	5.9	7.4	4.5	1.5	1.9	4.3	4.5
2.8	4.1	1.4	3.1	7.0	6.1	3.1	1.7
9.4	6.3	7.4	8.4	8.7	2.2	5.9	9.2
18.1	11.9	13.0	11.9	11.1	9.4	11.3	12.0
28.3	31.6	29.3	29.8	31.8	31.7	25.5	25.0
61.4	54.6	50.3	66.0	119.7	104.1	46.6	48.9
177.8	200.0	199.9	176.0	176.4	187.6	200.7	172.6
146.8	151.2	157.3	140.0	139.9	168.8	143.3	152.8
46.5	43.4	27.6	42.0	24.1	20.7	37.2	37.5
14.7	16.5	10.0	13.6	10.8	2.6	9.5	8.0
10.8	8.3	4.7	11.7	3.5	6.1	5.8	8.3
4.7	6.3	5.1	2.8	6.8	6.7	4.1	4.5
525.6	540.1	513.4	509.8	541.3	547.9	499.8	485.0
1928/825.0	1923/873.9	1925/758.4	1911/905.1	1933/656.4	1930/779.8	1924/728.0	1926/687.3
1902/253.7	1920/348.5	1920/328.9	1932/218.0	1931/419.9	1931/361.0	1920/270.1	1920/311.5
124.3	135.9	225.7	170.4			149.5	106.6
1912	1925	1925	1911			1925	1925
8	7	7	7			7	7
6	23	24	24			23	23
1891—1933	1919—1932 (缺1931)	1919—1932 (缺1922, 1926, 1930, 1931)	1910—1933	1930—1933	1930—1933	1919—1932	1920—1929

一一九

各地雨量表(續)

*表示五——十年（單位 毫米 M.M.）**表示十年以上

站號	36	37	38	39	40	41
地名	天津部公社	通縣馬頭鎮	*容城窩橋	*唐山	*武清縣蔡村	武清縣楊村
一月	2.8	5.9	4.5	8.6	2.3	5.9
二月	0.8	4.1	1.6	2.8	1.8	0.4
三月	7.5	8.5	10.1	9.9	7.2	0.2
四月	15.8	9.4	9.1	15.2	16.4	22.2
五月	43.8	38.9	26.6	55.2	24.0	30.5
六月	70.0	52.7	56.9	60.6	60.1	40.0
七月	165.2	213.8	189.1	262.1	213.1	248.8
八月	146.4	147.7	152.9	136.9	125.4	207.8
九月	19.0	40.2	30.4	36.4	24.7	38.7
十月	1.2	17.3	5.4	11.6	7.7	16.1
十一月	9.3	4.6	7.4	9.6	8.3	8.1
十二月	5.4	8.5	1.6	1.9	3.5	7.9
全年	486.7	546.6	495.6	605.8	494.5	626.6
最高年	1931/524.6	1932/580.1	1925/662.4	1925/876.0	1925/679.5	1928/819.9
最低年	1933/434.2	1930/465.0	1927/307.1	1927/483.3	1921/325.9	1932/353.0
一日最大量 雨量			124.8	180.2	101.3	
年			1925	1925	1924	
月			7	8	8	
日			23	2	3	
記錄年份	1931—1933	1928—1932 (缺1931)	1921—1927	1924—1927 1932	1921—1927	1928,1929, 1932
備註						

附表三 各地雨量表

42	43	44	45	46	47	48
陝縣馬頭鎮	良鄉金門閘*	房山坨坊鎮*	香河縣*	長辛店	盧溝橋**	玉田縣*
1.4	3.8	6.7	8.4	6.0	5.5	4.3
1.9	1.2	2.6	2.9	0.1	8.2	1.6
14.6	6.0	5.7	5.2	25.0	7.1	2.5
9.5	8.0	10.7	8.1	56.8	10.2	14.1
21.1	20.2	40.6	29.7	52.9	28.4	30.4
76.8	75.7	73.1	48.3	56.5	65 1	49.8
157.4	257.0	292.0	238.9	196.3	270.4	295.4
139.2	160.2	168.2	124.3	186.7	122.5	174.8
29.1	37.6	36.3	33.8	89.7	42.6	83.3
4.4	5.8	3.0	11.2	31.4	7.7	10.6
1.9	3.4	6.5	5.8	0.0	4.9	3.3
	2.3	4.4	7.2	8.6	3.5	3.8
457.3	601.2	649.8	523.8	655.1	571.1	623.9
1923/532.8	1923/1075.7	1925/957.0	1932/613.5		1925/938.9	1925/745.6
1921/348.7	1926/323.9	1930/426.3	1930/414.2		1920/292.8	1926/499.5
	153.2	165.0			180.0	109.4
	1924	1924			1924	1923
	7	7			7	8
	16	12			16	11
1921—1923	1921—1929 1932	1925—1930 1932	1926—1930 1932	1904—1905	1910—1929 1932	1924—1930 1932

一二二

各地雨量表（續）

*表示五——十年（單位 毫米 日．日．）**表示十年以上

站號	49	50	51	52	53	55
地名	北平**	陸榆** 秦皇島	通縣**	宛平三家店**	順義縣** 撰莊	北方大港
一月	8.8	3.1	4.5	8.6	6.3	19.1
二月	4.2	2.8	2.8	2.3	3.0	3.9
三月	8.1	14.9	7.5	9.6	7.2	9.3
四月	16.0	17.2	11.2	12.1	9.4	9.8
五月	33.8	63.5	26.4	29.3	23.9	73.6
六月	82.8	68.6	68.0	66.6	58.1	66.6
七月	256.1	177.9	248.0	303.8	237.6	151.0
八月	144.0	193.9	151.7	206.8	141.8	184.3
九月	57.7	68.3	40.9	52.0	45.2	22.9
十月	17.7	20.1	14.9	11.4	20.2	8.2
十一月	8.4	12.2	5.7	7.0	4.9	12.4
十二月	2.3	3.1	4.5	4.3	5.1	5.1
全年	634.9	645.6	586.1	714.0	562.7	564.2
最高年	1893/1084.4	1911/986.9	1922/972.5	1925/1010.5	1924/915.9	
最低年	1891/163.5	1919/368.8	1920/340.5	1926/438.0	1920/324.0	
一日最大量 雨量	224.7	200.7	197.1	265.2	226.5	
一日最大量 年	1883	1912	1919	1921	1924	
一日最大量 月	7	5	7	7	7	
一日最大量 日	29	16	28	7	15	
記錄年份	1841—1855, 1860—1861, 1869—1883, 1890—1899, 1905—1908, 1914—1927, 1930—1933	1909—1933 (缺1915)	1919—1930 1932	1921—1930 1932	1919—1930 1932	1931—1933
備註						

附表三 各地雨量表

7	6	5	4	3	2	1 狼
鸽 正	鹤 息	鸽 信'	山 跟	川 渍	尖河三始固'	山 光
41.0	48.0	56.0	9.1	36.2	18.5	44.0
36.5	25.2	36.8	6.7	23.9	29.2	61.0
60.0	17.4	45.9	14.5	18.2	42.2	15.0
75.0	72.8	98.2	14.3	107.2	54.4	91.0
91.5	197.4	117.6	186.4	132.0	55.9	15.6
90.5	50.8	142.2	11.6	19.0	97.1	8.4
102.5	138.0	98.7	36.0	118.0	259.5	10.0
68.0	235.0	110.9	6.0	143.8	130.0	16.0
60.0	37.4	45.1	15.2	37.5	106.5	6.0
45.0	1.6	51.9	0.0	0.0	83.7	0.2
2.5	3.5	9.1	0.0	2.0	25.3	2.0
70.0	20.8	23.6	16.3	51.3	29.6	16.1
743.0	847.9	836.0	316.1	689.1	881.9	285.3
		1933/1017.2			1926/1323.8	
		1932/662.7			1918/608.1	
60.0		109.0				
1934		1922				
6		6				
31		30				
1932, 1934	1932	1922, 1923, 1932, 1933	1932	1932	1918—1923 1925—1927	1932

一三三

各地雨量表

*表示五—十年（單位 毫米 日.日.）**表示十年以上

站號	8	9	10	11	12	13
地名	新蔡	桐柏	鄧縣	唐河	泌陽	確山駐馬店
一月	82.5	72.8	22.5	15.5	44.1	82.6
二月	86.2	47.8	89.0	24.1	1.6	12.6
三月	43.0	67.0	87.0	26.8	11.5	27.3
四月	76.8	110.1	95.5	44.9	48.7	55.1
五月	91.2	47.8	102.4	82.4	114.8	52.0
六月	126.4	97.1	175.0	112.8	108.9	52.1
七月	123.2	236.2	112.0	118.8	47.2	71.2
八月	130.8	98.1	89.7	54.8	91.6	101.2
九月	95.1	84.2	162.5	79.4	101.0	63.7
十月	31.8	80.4	69.4	10.2	8.4	22.9
十一月	1.5	14.4	20.5	3.2	6.1	8.5
十二月	26.2	26 5	17.0	14.4	7.1	35.7
全年	863.6	931.5	992.5	582.1	591.1	534.9
最高年	1923/1389.7	1923/1560.8				1923/752.4
最低年	1932/465.5	1928/534.6				1922/339.1
一日最大量 雨量			75.0	70.0	95.0	122.5
一日最大量 年			1934	1934	1934	1923
一日最大量 月			6	6	6	9
一日最大量 日			29	29	29	5
記錄年份	1922, 1923, 1932, 1933	1923, 1927, 1928	1934	1932, 1934	1932, 1934	1922 1923, 1932,1933
備註						

附表三　各地雨量表

21	20	19	18	17	16	15	14
商水	郟縣	上蔡	項城	沈邱	鎮平	遂平	汝南
18.9	1.8	15.1	5.8	27.0	13.0	1.0	11.2
20.4	3.9	11.0	6.2	0.5	27.0	4.7	84.2
20.6	1.5	11.1	43.0	0.0	23.5	30.5	8.2
47.4	61.7	57.5	28.7	11.5	83.0	92.0	53.0
130.8	119.2	76.3	79.6	61.0	63.0	119.2	58.9
54.6	87.3	140.1	111.0	0.3	93.5	150.1	54.1
142.2	143.1	147.3	148.9	70.0	132.0	111.5	91.3
82.3	272.2	127.8	78.7	123.0	77.0	79.8	105.2
50.7	53.9	45.6	54.3	10.0	84.0	82.5	85.1
11.5	4.4	9.6	8.8	0.0	18.0	13.5	4.4
6.7	4.6	16.6	20.5	0.0	4.0	18.0	55.6
33.8	16.2	28.6	50.9	32.0	19.0	41.5	50.9
620.2	646.3	692.2	636.3	335.3	596.5	744.3	423.6
		1931/885.1	1931/816.3				1934/742.1
		1932/522.5	1932/459.3				1932/261.8
80.0	80.0	85.0	95.0		60.0	105.0	99.0
1934	1934	1931	1931		1934	1934	1934
5	9	7	7		6	6	6
15	8	10	10		29	29	29
1932, 1934	1932, 1934	1931, 1932, 1934	1931, 1932, 1934	1932	1934	1934	1931, 1932, 1934

一三五

各地雨量表（續）

*表示五——十年（單位 毫米 m.m.）**表示十年以上

站號	22	23	24	25	26	27
地名	郾城	葉縣	南召	鹿邑	淮陽**	周家口
一月	15.4	6.4	9.0	11.9	10.9	41.1
二月	19.7	7.4	8.0	7.9	6.7	37.5
三月	19.1	4.2	8.6	0.3	8.7	36.4
四月	44.1	28.2	84.9	20.1	44.9	72.3
五月	72.6	134.5	103.3	14.3	57.7	66.6
六月	78.8	4.9	125.0	1.2	39.9	44.4
七月	263.6	107.3	213.8	39.4	105.5	197.3
八月	153.2	283.1	57.2	63.8	94.6	66.6
九月	92.1	24.5	105.0	12.9	74.4	56.3
十月	4.4	7.9	1.3	0.2	13.0	14.9
十一月	15.3	2.9	5.7	0.4	10.7	7.7
十二月	30.5	9.1	17.5	15.0	42.9	30.2
全年	796.9	620.4	739.3	192.4	509.9	671.3
最高年	1934/1081.3					1923/794.9
最低年	1932/577.2					1932/470.7
一日最大量 雨量	97.0		75.5		52.1	
一日最大量 年	1931		1934		1934	
一日最大量 月	7		7		6	
一日最大量 日	10		25		29	
記錄年份	1931, 1932, 1934	1932	1934	1932	1925—1934	1922, 1923, 1932, 1933
備註						

附表三 各地雨量表

34	33	32	31	30	29	28
鄢陵	扶溝*	太康*	寶豐	襄城	臨潁	西華
1.7	16.5	10.7	14.0	9.5	19.3	54.0
1.0	12.7	12.3	12.0	7.0	12.7	24.9
4.2	14.2	9.2	1.5	0.0	4.2	0.0
8.3	27.0	31.4	23.0	34.0	30.6	15.5
13.8	98.8	55.3	115.4	116.0	164.1	108.3
10.8	118.9	102.6	16.0	7.0	9.0	8.5
30.6	209.9	174.3	118.0	53.0	77.1	100.5
9.1	151.7	160.3	199.0	99.0	122.0	47.2
17.8	60.9	118.0	18.0	22.0	63.2	1.3
0.0	9.6	29.7	0.0	0.0	0.0	1.0
20.0	11.3	20.4	0.0	5.0	45.8	0.0
25.0	20.2	4.7	67.0	6.0	34.7	17.0
137.3	752.7	784.9	584.5	358.5	602.5	378.2
	1934/847.4	1906/1008.3				
	1932/617.3	1932/517.3				
14.6	148.0	159.8				
1934	1931	1906				
7	6	6				
26	29	15				
1934	1925, 1926, 1931, 1932, 1934	1905—1907 1915—1917 1932	1932	1932	1932	1932

一二七

各地雨量表(續)

*表示五——十年（單位 公厘 m.m.）**表示十年以上

站號	35	36	37	38	39	40
站名	許昌	郏縣	盧氏	永城	夏邑	商邱
一月	14.0	4.6	0.0	4.4	16.0	7.0
二月	7.5	7.0	6.0	8.4	5.5	30.7
三月	22.5	11.1	6.0	8.1	0.0	0.0
四月	42.9	31.3	14.0	84.0	28.0	10.0
五月	118.1	99.7	0.0	83.9	121.0	56.0
六月	59.4	48.5	98.0	40.5	0.0	21.0
七月	227.2	90.9	245.7	144.2	80.0	94.0
八月	99.6	111.4	43.0	164.2	100.0	96.0
九月	68.9	56.9	26.0	67.6	53.0	81.0
十月	5.6	10.4	19.0	17.1	2.0	0.0
十一月	21.8	1.0	18.0	16.4	2.0	0.0
十二月	25.6	2.5	1.0	33.6	87.0	7.0
全年	713.3	525.4	471.7	617.6	444.5	444.0
最高年		1934/615.0		1931/962.5		
最低年		1931/416.5		1932/266.5		
一日最大量 雨量	113.0	62.0	55.0	200.0		
一日最大量 年	1934	1934	1933	1931		
一日最大量 月	7	7	7	7		
一日最大量 日	25	25	18	2		
記錄年份	1931, 1934	1931,1932, 1934	1933	1931,1932, 1934	1932	1932
備註						

附表三 各地雨量表

48	47	46	45	44	43	42	41
縣 風	部 新	葛 長	川 清	許 通	縣 杞*	縣 睢	陵 家
11.8	7.0	11.0	8.5	11.8	13.3	13.5	13.5
9.4	5.7	3.0	11.1	9.3	15.8	6.5	14.1
6.9	23.5	0.0	25.5	12.1	12.8	18.1	13.2
47.6	38.3	19.0	28.6	39.4	35.4	24.0	30.2
94.2	97.8	133.0	91.4	61.9	56.9	124.1	83.6
55.8	53.2	87.0	103.7	47.6	36.5	49.5	27.0
132.9	178.9	63.0	95.0	98.6	177.0	174.8	156.6
183.4	147.3	107.0	157.9	111.7	46.2	106.0	146.2
65.5	102.8	43.0	40.4	83.5	81.2	79.5	87.5
8.3	4.0	0.0	1.5	4.8	12.1	0.0	8.3
15.2	3.5	0.0	16.0	12.9	4.7	2.3	12.8
10.2	23.0	24.0	7.3	24.6	9.9	19.5	17.6
667.6	684.7	440.0	587.1	475.0	501.8	617.9	640.7
1931/786.7				1931/674.0	1923/669.7		1934/878.9
1932/494.5				1933/306.0	1933/309.0		1932/370.9
108.0	158.0		60.0	60.0	125.0	90.0	72.0
1931	1934		1931	1931	1934	1934	1931
6	7		6	5	7	5	8
29	25		29	5	25	31	28
1931,1932,1934	1932, 1934	1932	1931, 1932	1931,1932,1934	1922,1923,1931—1934	1932, 1934	1931,1932,1934

（一二九）

黄河志第一篇氣象

各地雨量表

*表示五—十年（單位 毫米 m.m.）**表示十年以上

站號	49	50	51	52	53	54
站名	密縣	登封	臨汝	宜陽	洛寧	陝城
一月	21.1	11.2	7.5	11.8	9.0	4.2
二月	8.9	0.0	3.4	3.7	7.3	3.1
三月	18.8	12.5	9.5	23.7	13.2	4.2
四月	24.8	38.0	35.3	17.6	31.2	27.5
五月	68.0	65.5	99.6	41.2	43.0	29.3
六月	35.8	21.5	47.3	12.7	50.5	50.5
七月	107.3	98.8	104.8	54.5	57.4	142.6
八月	132.9	74.0	118.1	54.3	97.0	101.5
九月	63.6	67.0	37.0	72.8	47.3	108.1
十月	19.7	7.0	3.3	16.3	18.6	1.6
十一月	13.0	7.5	5.9	10.0	7.8	17.1
十二月	9.9	18.0	12.4	16.2	10.1	86.1
全年	542.3	416.0	485.0	824.0	892.8	585.8
最高年	1934/729.1			1934/598.2	1934/482.2	1931/739.5
最低年	1932/358.2			1932/164.0	1932/337.0	1933/441.3
一日最大量 雨量	93.4	60.0	91.0	70.0	50.0	100.0
一日最大量 年	1934	1934	1934	1934	1934	1934
一日最大量 月	7	9	7	9	7	9
一日最大量 日	25	2	25	2	27	3
記註年份	1931,1932,1934	1932, 1934	1931,1932,1934	1932－1934	1932—1934	1931,1932,1934
備註						

一三〇

附表三　各地雨量表

61	60	59	58	57	56	55
滎陽	鄭縣	中牟	陳留	開封**	蘭封	民權
18.1	6.8	4.3	14.7	13.4	10.3	12.2
2.7	13.6	5.6	4.3	14.1	1.9	1.8
25.5	0.5	25.5	19.5	13.7	15.9	28.3
14.4	31.1	13.7	17.4	27.6	19.2	28.3
107.1	69.8	76.8	113.1	24.9	73.8	117.1
25.8	56.5	15.4	34.1	41.9	44.2	85.3
84.8	151.8	138.0	251.0	158.7	159.2	175.2
87.8	99.6	56.1	53.7	150.9	153.7	215.5
96.7	75.7	130.8	133.9	43.2	111.6	82.6
4.4	3.0	0.0	3.8	21.9	9.3	2.6
6.6	32.7	1.3	4.2	11.5	12.5	23.3
25.1	14.0	12.3	24.5	8.9	25.7	30.0
497.9	555.4	479.2	674.6	530.7	632.5	803.2
				/1120.0	1934/824.1	1934/882.8
				/351.0	1931/559.1	1931/707.5
58.6	47.0	145.0	111.5	200.0	162.5	150.0
1934	1931	1934	1934	1926	1934	1931
9	6	7	7	8	9	6
3	29	25	25	5	2	29
1932, 1934	1931,1932, 1934	1932, 1934	1932, 1934	1922—1934	1931—1934	1931,1932, 1934

一三二

各地雨量表（續）

*表示五——十年（單位 毫米 m. m.）**表示十年以上

站號	62	63	64	65	66	67
地名	聚	偃師	孟津	洛陽	新安	澠池
一月	12.7	13.2	18.6	14.9	18.1	3.8
二月	10.5	9.9	4.3	10.0	9.6	0.5
三月	21.9	18.0	23.3	17.6	33.6	11.0
四月	31.7	23.5	23.8	19.3	63.2	32.8
五月	47.0	33.6	32.5	35.1	113.1	64.8
六月	26.9	36.7	34.6	36.7	84.8	32.8
七月	70.4	80.6	91.0	85.9	139.7	115.8
八月	141.1	107.2	103.5	132.7	246.9	112.5
九月	21.3	31.4	72.5	120.5	130.7	66.0
十月	1.6	17.9	14.0	65.9	43.0	0.0
十一月	13.5	19.1	18.3	31.9	31.0	15.0
十二月	19.5	11.3	24.0	26.4	25.5	7.0
全年	417.9	406.5	508.0	639.2	702.9	461.8
最高年		1934/478.7	1932/649.5	1934/972.6	1932/ 65.0	
最低年		1933/295.6	1933/314.5	1933/401.9	1934/136.7	
一日最大雨量	57.0	95.0	80.0	182.5	65.0	78.0
一日最大量 年	1933	1934	1934	1934	1932	1933
一日最大量 月	8	7	9	9	8	8
一日最大量 日	18	15	2	2	8	2
記註年份	1933, 1934	1931, 1932, 1934	1932—1934	1931—1934	1931—1934	1933, 1934
備註						

附表三　各地雨量表

68	陕縣**	8.8	6.6	13.1	32.3	45.0	46.6	92.3	91.9	49.5	22.7	10.6	7.5	426.9			55.0	1934	8	10	1919—1931
69	靈寶	1.7	1.8	7.8	26.5	137.1	73.2	75.3	79.8	41.3	30.8	4.3	6.0	484.1	1934/654.0	1932/307.3	300.0	1934	5	31	1932—1934
70	閿鄉	7.1	8.2	15.2	39.8	37.6	43.3	31.7	105.4	28.8	32.4	24.6	6.2	404.8	1933/444.4	1931/343.8	63.0	1933	8	18	1931,1933,1934
71	考城	11.5	4.3	20.2	46.1	83.1	59.8	124.4	172.7	84.1	8.7	19.2	23.9	656.8	1931/765.1	1932/581.0	110.0	1933	8	18	1931—1934
72	廣武	2.2	1.2	9.8	14.8	70.3	36.5	104.8	82.8	61.9	10.8	9.5	14.1	417.5	1932/489.1	1933/350.8	69.0	1932	9	19	1932—1934
73	汜水	8.5	1.5	30.2	46.6	124.9	23.0	94.3	117.5	158.4	31.1	22.3	51.4	743.2	1934/862.8	1933/528.0	85.3	1932	10	4	1932—1934
74	封邱	1.7	0.2	4.7	6.5	20.8	17.1	27.6	17.3	20.3	5.1	0.0	1.5	126.0			20.0	1933	7	8	1932—1933
75	延津	9.9	3.2	11.1	25.8	63.9	48.9	85.7	65.6	65.0	1.6	12.5	8.1	404.9	1932/516.8	1931/233.5	60.0	1933	7	8	1931—1933

一三三

各地雨量表(續)

*表示五——十年(單位 毫米 m.m.)**表示十年以上

站號	76	77	78	79	80	81
地名	陽武	原武	武陟	沁陽	溫縣	孟津
一月	3.8	7.9	5.9	20.5	17.2	3.6
二月	1.0	6.0	12.8	12.7	8.9	3.2
三月	0.8	7.2	9.0	14.2	10.6	5.2
四月	9.5	16.2	24.1	38.7	30.4	19.0
五月	60.8	45.2	94.1	50.4	53.8	54.5
六月	45.5	44.9	41.5	45.3	28.7	39.0
七月	95.0	92.2	71.7	68.0	54.0	97.5
八月	67.5	73.9	79.4	112.1	65.5	211.0
九月	77.5	36.5	35.2	88.3	45.8	68.0
十月	0,0	7.2	6.1	15.7	6.9	1.0
十一月	9.5	10.2	14.4	6.9	9.8	16.7
十二月	16.5	27.9	16.4	24.4	12.8	7.7
全年	386.7	375.6	388.1	501.5	339.2	527.3
最高年		1934/504.2	1933/582.4	1932/579.5	1932/566.0	
最低年		1932/275.9	1931/178.9	1934/443.2	1934/305.3	
一日最大量 雨量	54.0	62.0	72.0	61.5	55.0	54.0
一日最大量 年	1933	1932	1934	1931	1932	1932
一日最大量 月	7	7	7	8	5	8
一日最大量 日	8	10	25	12	2	8
記錄年份	1931—1932	1931—1934	1931—1934	1931—1934	1932—1934	1932—1933
備註						

附表三 各地雨量表

89	88	87	86	85	84	83	82
濬縣	道口鎮	滑縣	汲縣	新鄉	武陟	修武	濟源
7.3	4.4	2.0	5.9	7.0	5.3	5.9	3.0
0.0	9.3	1.6	5.6	3.3	0.2	31.2	0.7
14.3	9.5	8.0	8.0	6.1	5.5	6.5	2.5
11.2	7.6	5.9	22.8	13.6	9.8	19.8	25.5
75.8	20.0	66.8	35.4	74.4	75.5	113.5	4.8
41.0	67.0	53.5	40.7	41.7	33.2	42.1	15.1
149.2	253.3	132.5	174.9	99.8	86.8	90.3	55.1
35.5	54.7	66.1	83.8	70.8	58.6	131.1	31.5
58.3	25.7	94.9	42.8	86.9	83.6	73.3	67.9
10.3	10.3	5.1	12.6	9.7	2.8	14.1	21.3
10.0	9.3	8.5	6.2	21.3	6.3	12.1	12.9
12.9	0.0	46.7	3.2	10.6	8.8	15.0	14.1
460.8	471.1	491.9	445.5	448.6	376.8	555.4	257.6
1932/581.5	1925/493.0		1921/646.6	1932/567.4	1932/471.3	1932/653.8	
1931/388.5	1926/420.0		1920/287.2	1931/292.0	1931/273.7	1931/476.3	
69.0	142.0	60.0	142.0	89.0	53.0	95.0	72.0
1934	1934	1931	1924	1934	1934	1931	1933
7	7	7	7	7	7	8	7
24	10	29	16	25	26	3	19
1931,1932,1934	1921—1927	1932,1934	1919—1927 1931,1932,1934	1931,1932,1934	1931,1932,1934	1931,1932,1934	1933—1934

一三五

各地雨量表(續)

*表示五——十年(單位：毫米日、日。)**表示十年以上

站地 號	90	91	92	93	94	95
名	淇縣	內黃	安陽	湯陰	林縣	臨漳
一月	10.0	0.0	5.2	2.5	9.5	4.0
二月	170.0	0.0	5.8	0.0	9.5	0.0
三月	1.06	0.0	9.5	5.5	16.5	14.0
四月	18.8	2.0	18.7	8.0	4.0	5.0
五月	46.3	72.5	45.6	33.5	29.0	37.5
六月	11.0	5.0	44.0	16.0	6.0	7.5
七月	196.0	58.0	207.8	236.2	86.5	89.5
八月	55.0	35.0	124.4	102.0	49.5	37.5
九月	31.7	41.0	53.1	5.0	37.5	25.0
十月	18.0	0.0	17.8	1.5	14.5	18.0
十一月	5.5	0.0	12.5	1.5	4.0	3.0
十二月	29.0	27.0	11.4	2.9	9.5	19.0
全年	502.4	240.0	552.4	409.6	276.0	262.0
最高年			1923/924.0			
最低年			1920/222.4			
一日最大量 雨量	170.0		269.4		29.0	43.0
一日最大量 年	1934		1924		1934	1934
一日最大量 月	2		7		5	7
一日最大量 日	10		16		31	25
記錄年份	1934	1932	1920—1926 1932, 1934	1932, 1934	1932, 1934	1934
備註						

附表三　各地雨量表

	3	2	1 晉		99	98	97	96
	大同	歸綏	天鎮		周口鎮	淮河鎮	武安	涉縣
	0.6	3.5	1.2		20.0	38.0	2.5	3.7
	4.4	5.3	0.0		25.0	10.8	1.8	1.1
	7.4	12.5	8.2		8.0	9.5	4.0	0.0
	15.1	10.6	7.7		122.5	73.1	1.3	5.7
	35.3	26.6	28.4		53.5	97.0	25.5	49.4
	41.0	43.3	41.5		148.0	35.8	23.1	56.8
	99.5	85.5	111.3		227.6	66.9	146.6	82.2
	91.9	63.6	109.7		195.5	117.9	78.4	42.5
	32.3	33.6	30.2		48.0	29.0	71.1	63.0
	18.8	9.1	23.3		0.0	0.5	32.2	15.5
	2.9	6.5	1.1		4.4	1.0	5.7	4.0
	2.0	3.7	0.7		1.0	36.0	16.7	2.6
	350.7	303.8	363.3		853.5	514.5	390.7	376.6
	1922/560.7	1925/382.0						
	1926/224.7	1930/231.9						
	129.5				96.0		109.0	46.0
	1922				1931		1934	1932
	8				7		7	8
	8				10		29	23
	1920—1926	1925—1930 1932	1922—1925		1931	1932	1932, 1934	1931—1932

一三七

各地雨量表（續）

*表示五——十年（單位 毫米 日.日.）**表示十年以上

站號	6	13	15	17	27	29
地名	渾源*	朔縣	代縣	寧武	五台	忻縣**
一月	2.9	6.0	7.3	8.8	0.0	1.3
二月	4.9	17.5	6.7	23.8	0.0	2.8
三月	5.2	6.5	1.9	6.5	0.0	8.0
四月	27.2	3.0	16.2	18.0	18.0	19.8
五月	37.3	34.5	12.5	85.0	32.0	29.0
六月	53.3	33.5	56.5	46.0	102.0	47.2
七月	108.1	117.7	175.5	248.0	236.0	130.7
八月	85.6	124.7	65.5	108.0	144.0	116.8
九月	36.7	55.0	23.2	98.0	85.0	42.7
十月	15.6	9.0	12.3	30.0	0.0	11.3
十一月	8.2	2.7	2.5	0.8	1.0	7.4
十二月	4.1	3.7	8.3	1.1	5.6	4.5
全年	384.7	409.0	393.2	674.0	623.6	421.0
最高年	1922/484.6		1929/422.6			1932/590.6
最低年	1926/252.2		1928/341.0			1920/270.9
一日最大量 雨量	62.5	89.0	70.0	54.0		87.9
一日最大量 年	1925	1934		1934		1923
一日最大量 月	8	7	7	7		8
一日最大量 日	2	5	12	5		8
記錄年份	1921,1922, 1924—1926 1928—1930 1932	1932, 1934	1928—1930	1934	1932	1920—1926 1928—1930 1932
備註						

附表三 各地雨量表

51	47	45	40	36	34	33	31
榆社	汾州（即汾陽）	平遙	太谷	太原	昔陽	平定	方山
0.0	2.5	4.0	0.3	2.3	2.5	4.3	0.0
0.0	2.8	3.5	1.2	3.7	2.7	6.9	0.0
0.0	4.0	0.1	14.4	3.7	5.8	5.2	0.0
0.0	17.5	26.9	7.3	9.9	24.9	17.0	0.0
45.0	22.0	27.0	25.3	27.4	32.7	23.7	32.0
115.0	52.0	33.0	85.3	56.7	20.6	57.7	64.0
263.0	104.0	81.5	150.1	115.8	108.2	144.9	301.0
260.0	137.0	92.4	171.3	112.6	72.5	129.1	218.0
213.0	34.5	37.8	94.1	43.8	37.8	59.6	118.0
4.0	5.8	17.8	5.0	11.9	5.0	15.8	0.0
5.0	3.0	9.1	1.0	0.2	8.6	10.3	0.0
33.0	0.0	7.3	5.0	3.3	2.0	6.2	0.0
938.0	385.1	350.0	561.3	391.3	325.3	480.7	733.0
					1923/400.5	1925/881.5	
					1934/218.5	1926/360.5	
					58.0	64.0	77.0
					1922	1924	1933
					7	7	8
					24	12	7
1932	1925	1920—1931	1932—1933	1929—1933	1922—1926 1934	1923—1926 1928—1930 1932	1933

一三九

各地雨量表(續)

*表示五——十年（單位 毫米 B. B.）**表示十年以上

站號	52	70	75	76	81	84
地名	遼縣	陸川	汾城	新絳	萬泉	猗氏
一月	2.7	1.5	0.0	0.0	3.6	0.9
二月	1.2	0.0	1.0	0.0	8.4	0.1
三月	10.1	1.8	2.0	0.0	6.6	19.5
四月	20.8	9.6	6.0	17.4	13.3	23.0
五月	86.4	0.0	19.5	61.6	36.3	87.5
六月	23.7	20.0	19.0	87.0	23.3	25.0
七月	152.9	85.0	25.0	53.1	48.0	64.0
八月	98.6	60.0	43.0	91.4	64.8	172.0
九月	81.5	4.0	24.0	84.0	107.8	55.0
十月	16.2	15.0	14.0	8.2	86.6	87.5
十一月	2.8	1.7	0.0	11.4	7.3	23.5
十二月	0.0	8.0	2.5	0.0	8.4	5.0
全年	396.4	150.3	156.0	364.2	350.6	463.1
最高年	1923/467.8					
最低年	1924/350.6					
一日最大量 雨量	69.0	23.0	14.0	38.1	110.0	63.0
一日最大量 年	1924	1934	1932	1933	1934	1933
一日最大量 月	7	8	9	5	9	8
一日最大量 日	11	6	23	17	30	19
記錄年份	1922—1925	1934	1932	1932, 1933	1932—1934	1933—1934
備註						

附表三 各地雨量表

98	97	96	95	94	93	91	88
地 火 晉	平 高	陽 宙	垣 真	城 晉	治 長	城 芮	縣 解
1.2	12.6	15.0	0.0	10.4	6.8	0.0	4.3
8.2	3.0	0.0	0.0	9.9	6.5	0.0	5.6
0.0	21.6	22.0	3.0	15.8	10.8	24.0	8.2
5.0	17.2	21.0	7.0	21.4	31.4	67.0	17.4
8.0	96.5	30.0	79.6	53.5	46.4	46.0	54.5
50.1	45.2	10.0	60.0	47.5	46.4	49.0	74.9
137.0	141.6	90.0	195.0	145.6	46.2	89.0	87.4
87.5	158.2	88.0	95.0	140.1	163.2	144.0	130.5
60.0	118.7	165.0	102.0	31.4	91.9	27.0	60.5
7.0	18.5	120.0	7.0	30.2	54.2	28.0	24.5
0.0	10.2	44.0	10.0	10.8	18.0	20.0	25.4
0.0	17.5	60.0	0.0	6.9	4.9	5.0	6.4
314.0	640.1	658.0	558.6	531.5	507.8	499.0	508.6
				1933/731.4	1921/674.6		
				1934/334.2	1926/391.8		
	69.0	100.0		96.0	65.9	61.0	78.5
	1932	1934		1932	1920	1933	1933
	9	9		5	7	8	8
	7	30		2	31	18	24
1917, 1918	1932, 1934	1934	1932	1922—1927 1931,1932, 1934	1920—1926	1933	1931—1933

一四一

各地雨量表（續）

*表示五—十年（單位 毫米 m.m.）**表示十年以上

站號	陝 1	2	3	4	5	6
地名	米脂	膚施	宜川	郃陽	澄城	蒲城
一月	12.5	18.0	0.0	4.5	4.2	22.2
二月	1.7	1.0	1.0	16.0	7.3	38.7
三月	17.2	21.0	0.0	2.8	13.4	139.7
四月	16.3	4.0	2.0	26.0	7.9	51.0
五月	75.3	80.0	61.0	41.5	86.6	71.7
六月	21.7	6.0	24.0	33.5	18.8	83.2
七月	80.8	31.5	116.0	74.5	62.2	84.2
八月	133.2	186.0	129.0	149.7	77.8	98.0
九月	101.8	116.0	80.0	38.5	85.0	31.2
十月	48.6	61.0	0.0	32.0	15.9	22.5
十一月	1.0	4.0	0.0	11.0	6.8	15.7
十二月	9.5	7.8	1.5	2.2	7.5	11.7
全年	522.1	534.3	417.5	432.2	296.3	562.5
最高年			1933/433.0	1933/525.0	1932/470.0	1934/732.0
最低年			1932/402.0	1934/339.0	1934/182.0	1933/493.0
一日最大量 雨量	55.0	56.0	47.0	49.0	80.0	33.0
一日最大量 年	1934	1934	1933	1933	1933	1933
一日最大量 月	9	8	4	8	7	8
一日最大量 日	29	6	17	8	22	18
記錄年份	1934	1934	1932—1933	1933—1934	1932—1934	1933—1934
備註						

附表三 各地雨量表

14	13	12	11	10	9	8	7
三原	通遠坊	邠縣	淳化	富平	大荔	朝邑	白水
4.5	11.4	8.0	0.0	5.2	0.0	2.3	3.5
10.0	6.9	6.0	34.0	2.6	0.0	11.8	11.6
13.0	10.2	13.0	6.0	13.2	22.0	11.7	18.5
7.0	53.4	28.0	7.5	19.3	32.0	27.2	14.2
9.0	42.6	43.0	29.7	48.1	59.0	49.0	63.7
6.0	71.1	60.0	8.5	39.0	20.0	21.0	35.0
9.0	92.2	33.0	163.3	64.6	65.0	72.2	91.1
12.0	104.4	29.0	30.1	91.3	133.0	95.8	111.5
26.0	50.4	151.0	38.7	61.9	40.0	48.3	64.1
64.0	48.2	91.0	5.0	38.6	0.0	25.8	24.5
9.0	16.1	28.0	7.2	15.2	0.0	21.2	9.7
6.0	13.7	4.0	1.7	7.8	7.0	6.6	0.0
175.5	520.6	494.8	328.8	444.2	378.0	392.4	443.6
	1929/763.8		1933/379.2	1933/532.9		1932/496.2	1933/534.5
	1923/436.4		1932/274.5	1932/394.3		1932/303.2	1932/352.7
26.0		80.0	50.0	48.9	64.0	70.0	41.0
1934		1933	1933	1933	1932	1933	1933
10		9	7	7	8	7	9
2		23	20	21	29	18	23
1934	1921,1923, 1925—1933	1933	1932—1933	1932—1934	1932	1932—1934	1932—1933

一四三

各地雨量表（續）

*表示五——十年（單位 毫米 m.m.）**表示十年以上

站號	15	16	17	18	19	20
地名	咸陽	麟遊	岐山	鳳翔	隴縣	寶雞
一月	5.1	0.0	5.7	5.6	4.7	1.8
二月	15.3	0.0	3.1	8.0	0.0	0.9
三月	210.0	10.5	39.5	55.0	23.0	12.8
四月	35.9	22.0	30.3	40.7	46.5	11.4
五月	49.4	42.5	84.1	64.5	28.5	8.9
六月	21.1	27.5	199.5	61.7	60.0	53.8
七月	59.0	101.7	107.8	96.8	114.0	106.8
八月	50.7	115.7	83.4	112.8	109.0	93.0
九月	96.2	55.7	75.5	67.5	45.0	9.3
十月	80.3	62.0	79.1	77.2	57.0	47.0
十一月	22.7	22.0	18.5	19.0	24.0	17.0
十二月	12.4	3.5	1.2	6.3	7.0	2.0
全年	469.0	463.0	677.3	614.8	518.7	375.4
最高年						
最低年						
一日最大量 雨量	38.8	100.0	90.0	70.0	60.0	48.0
一日最大量 年	1934	1933	1934	1934	1933	1933
一日最大量 月	10	7	7	7	8	6
一日最大量 日	1	20	16	16	25	23
記錄年份	1934	1932—1933	1933—1934	1933—1934	1933	1933
備註						

附表三　各地雨量表

28	27	26	25	24	23	22	21
商縣	郿縣	雒南	西安	臨潼	渭南	華縣	華陰
36.0	4.0	31.5	3.4	0.0	18.8	7.4	0.0
65.0	0.0	45.5	3.7	0.0	15.9	15.8	0.0
62.0	32.0	12.0	17.4	7.6	30.0	21.1	15.0
123.0	33.0	5.0	40.8	25.3	32.4	32.5	45.7
93.0	21.5	36.5	57.9	64.9	30.2	31.2	20.8
118.0	85.0	21.6	63.7	43.8	23.6	28.3	18.0
112.0	77.0	58.9	74.6	107.2	19.6	60.3	5.7
58.0	94.0	192.5	103.1	90.4	64.4	84.0	44.2
102.0	82.0	83.7	89.6	45.1	78.0	101.5	11.0
13.0	82.0	3.2	52.3	21.5	71.4	93.3	14.0
34.0	23.0	7.2	8.9	25.1	22.4	45.0	10.0
49.1	3.0	1.7	3.0	4.7	17.8	12.3	0.0
865.1	490.0	452.5	518.4	435.8	424.5	532.2	186.6
18.0	34.0	74.0		43.8	27.0	54.8	8.5
1934	1933	1933		1933	1934	1934	1933
9	8	8		7	9	10	6
22	26	13		7	30	13	21
1934	1933	1932—1933	1922—1933	1932—1933	1934	1934	1933

一四五

各地雨量表(續)

*表示五——十年(單位　毫米　日.日.)**表示十年以上

站號	29	30	31	32	33	甘 1
地名	留壩	城固	南鄭	安康	洛川	蘭州
一月	5.0	10.5	6.6	3.6	1.5	1.3
二月	4.0	6.7	9.5	2.5	3.5	7.2
三月	4.0	19.8	21.5	7.7	5.5	6.8
四月	20.0	63.4	35.0	49.8	4.5	8.9
五月	123.0	69.9	73.5	111.0	30.5	24.6
六月	25.0	94.2	85.5	45.5	29.3	14.1
七月	77.0	122.9	134.0	103.6	132.7	89.0
八月	140.0	173.0	107.5	159.5	82.7	148.0
九月	127.0	97.7	80.7	163.0	74.0	39.0
十月	97.0	40.9	38.8	48.6	27.7	23.9
十一月	24.0	26.1	21.8	32.5	6.0	0.4
十二月	5.0	18.7	7.9	12.4	0.2	6.4
全年	651.0	743.8	622.3	739.7	398.1	309.4
最高年				1925/763.3		
最低年				1926/287.2		
一日最大量 雨量	35.0			77.8		33.6
一日最大量 年	1934			1925		1933
一日最大量 月	10			8		8
一日最大量 日	2			15		17
記載年份	1934	1924—1930	1931—1933 1935	1921—1926	1931—1933 1935	1933—1934
備註						

附表三 各地雨量表

5	4	3	2	1 蘇		3	2
來　饅	坪家楊鹿琢鹿	琢原	陽縣	府		水　清	縣　家
0.0	2.9	0.0	8.5	0.3		2.1	3.9
7.0	3.4	4.0	3.0	2.2		2.2	2.2
0.0	8.5	0.0	0.7	14.4		1.6	21.0
17.0	17.5	25.5	4.5	26.4		8.9	26.0
16.0	59.3	13.0	37.0	24.1		113.1	45.7
82.0	78.5	72.2	23.0	43.6		82.0	38.0
175.0	213.4	118.0	129.0	159.7		53.0	55.0
86.0	185.0	84.6	108.0	103.3		84.4	82.0
44.0	53.3	48.2	57.0	68.9		128.4	42.0
0.0	7.0	0.0	12.0	18.5		21.3	67.0
6.0	4.6	10.6	1.5	8.1		24.1	4.2
0.0	4.6	2.5	2.0	2.5		1.6	13.0
483.0	633.0	378.6	393.2	472.0		651.1	410.0
	1932/931.4						
	1928/507.5						
			38.0			25.0	20.0
			1934			1934	1934
			7			6	8
			5			26	11
1932	1925 1928—1929 1932	1932	1934	1922—1925 1932, 1934		1934	1934

一四七

各地雨量表（續）

*表示五——十年（單位 毫米 日，日）**表示十年以上

站號	6	7	8	9	10	11
地名	宣化	張家口**	延慶	龍關	赤城	獨石口
一月	13.5	2.4	0.0	1.0	0.0	0.0
二月	2.8	2.8	0.0	2.0	5.2	5.5
三月	1.2	4.5	0.0	1.0	1.7	2.4
四月	14.7	5.5	16.0	38.0	20.7	30.5
五月	13.2	31.1	37.0	31.0	32.0	21.0
六月	59.4	42.8	80.0	131.0	56.7	62.2
七月	128.0	118.9	229.0	148.5	150.1	103.0
八月	81.5	78.6	74.0	151.0	80.5	8.0
九月	70.0	40.0	169.0	83.0	51.4	55.3
十月	13.5	13.2	0.0	10.0	13.0	19.0
十一月	5.5	3.6	10.0	0.0	7.2	10.5
十二月	0.0	2.5	0.0	4.5	2.0	0.0
全年	403.5	345.9	615.0	604.0	484.7	317.4
最高年		1925/544				
最低年		1920/133				
一日最大量 雨量	46.0	120.8		50.0	46.0	
一日最大量 年	1934	1924		1934	1934	
一日最大量 月	7	7		6	8	
一日最大量 日	24	13		1	21	
記錄年份	1932, 1934	1919—1931	1932	1934	1932—1934	1932
備註						

附表三 各地雨量表

5	4	3	2	1 級	14	13	12
集寧	歸化城*	薩拉齊**	廿四頃地**	舍必崖*	西灣子**	[illegible]桃花堡	內 都
2.0	0.4	6.8	2.0	4.8	3.0	0.2	15.0
2.0	4.5	5.9	4.0	3.8	2.7	0.6	35.0
1.0	3.5	9.4	8.0	3.2	8.3	0.1	5.0
22.0	7.0	5.0	8.0	8.5	11.5	9.0	103.0
62.5	23.3	31.9	23.0	21.5	54.[illegible]	25.7	100.0
31.7	59.0	43.1	45.0	70.0	59.4	32.7	37.0
208.2	75.9	111.9	98.0	84.0	85.9	92.2	26.0
81.8	121.0	67.4	74.0	71.9	55.8	105.0	10.0
35.8	63.5	36.3	52.0	46.4	41.9	28.0	9.0
15.5	20.7	15.6	14.0	18.9	15.8	19.0	4.0
6.6	3.8	7.5	3.0	6.4	7.7	4.7	0.0
0.1	2.1	10.7	5.0	1.1	3.9	4.1	6.0
472.1	384.7	351.5	336.0	340.0	350.1	321.6	350.0
		1933/632.4	1920/435.0	1922/390.3	/918.0		
		1925/235.3	170.0	1924/289.8	/163.0		
45.0	55.8	137.0			123.0	65.0	
1934	1920	1920				1934	
7	9	6			5	7	
5	12	13			30	10	
1932, 1934	1920—1925	1921, 1923—1928 1931—1933	1917, 1920—1930	1920—1925	1881—1886 1917—1933	1932, 1934	1932

一四九

各地雨量表（續）

*表示五——十年（單位 毫米 m.m.）**表示十年以上

站號	6	7	9	1 蘇	2	3
地名	豐鎮	二道河	南*壕塹	淮陰**	阜寧*	宿遷*
一月	0.0	0.0	0.0	20.0	27.5	30.8
二月	0.0	3.6	10.3	35.4	27.1	25.6
三月	0.0	0.5	9.7	29.5	26.6	26.4
四月	18.0	16.5	7.7	62.0	50.2	36.7
五月	20.0	20.8	12.2	57.0	38.6	37.0
六月	11.0	41.7	43.4	136.4	97.9	95.1
七月	47.0	69.1	107.4	184.7	251.8	206.4
八月	10.0	49.4	49.9	178.8	129.4	181.1
九月	98.0	70.6	22.6	118.8	86.1	72.2
十月	16.0	9.8	7.8	25.3	30.8	19.9
十一月	3.0	13.0	2.8	24.7	39.1	18.2
十二月	0.0	0.5	7.6	25.1	27.4	21.4
全年	223.0	295.5	281.4	897.7	835.5	770.8
最高年				1921/1405.6	1926/1380.1	1921/1165.6
最低年				1913/375.1	1927/560.1	1919/565.3
一日最大雨量　雨量				231.1	183.9	221.6
一日最大雨量　年				1921	1926	1921
一日最大雨量　月				8	7	8
一日最大雨量　日				22	6	21
記錄年份	1932	1932	1925 1930—1933	1913—1923 1930—1933	1921—1923 1925—1928 1931	1919 1921—1923 1925—1928 1931—1932
備註						

附表三 各地雨量表

10	9	8	7	6	5	4
界首*	贛榆	東海*	濟上集*	洋楊*	徐州*	響水口*
29.4	43.5	17.4	8.5	29.7	22.3	25.6
30.2	35.0	18.4	15.6	36.2	25.0	24.8
44.4	34.6	27.2	16.7	23.9	19.9	30.9
58.3	52.3	38.6	26.9	40.8	38.5	54.6
49.8	25.0	45.8	53.5	33.8	27.2	65.5
132.9	92.4	130.8	161.1	96.1	74.4	105.2
210.3	197.5	195.6	159.0	138.9	137.9	141.1
126.3	230.7	114.5	124.6	94.7	155.3	147.4
132.8	80.8	158.1	59.6	108.2	65.4	67.3
31.6	12.8	10.9	8.7	10.6	12.2	20.6
40.4	25.2	14.7	27.4	27.0	22.0	13.9
23.0	23.6	20.1	22.6	18.1	18.4	23.4
909.1	802.9	792.1	684.2	647.5	618.5	720.3
1197.3	1931/1105.8	1920/946.3	1921/955.9	1923/921.0	1931/1372.0	1930/1055.4
703.7	1928/675.9	1922/643.7	1932/398.5	1919/136.1	1919/259.5	1920/445.8
	152.0	228.0	518.4	89.8	213.3	150.0
	1927	1920	1915	1918	1916	1922
	7	9	7	7	9	9
	12	6	31	16	3	13
1921—1923 1925—1928	1923,1927, 1928,1931	1918—1923	1916—1923 1932—1933	1916,1918, 1919,1922, 1923	1916—1919 1922—1923 1927—1928 1931—1932	1917,1919, 1920,1923, 1930—1933

一五一

各地雨量表（續）

*表示五——十年（單位 毫米 B. B.）**表示十年以上

站號	地名	一月	二月	三月	四月	五月	六月	七月	八月	九月	十月	十一月	十二月	全年	最高年	最低年	一日最大雨量 雨量	年	月	日	記錄年份	備註
11	白*駒	19.4	35.4	34.8	52.1	53.0	157.1	198.2	152.9	101.3	31.8	27.2	16.6	879.8							1921—1927	
皖 1	霍*邱	52.6	19.4	92.9	62.7	50.1	257.9	186.3	168.3	73.3	64.4	56.6	12.9	1097.4	1910/1502.7	1907/878.2					1907—1911	
2	正陽關	40.0	57.4	32.2	105.4	80.8	103.5	146.9	115.0	48.3	27.1	7.9	28.0	792.5	1923/1147.2	1932/615.0	139.0	1923	7	6	1922—1923 1932—1933	
3	蚌**埠	18.1	20.1	34.0	56.6	47.6	87.6	162.7	99.7	56.9	28.6	16.8	25.7	654.4	1921/1818.3	1922/376.0	216.7	1921	7	11	1918—1923 1925—1928 1932—1933	
4	阜陽	106.9	48.8	84.8	55.2	56.9	61.7	173.5	131.3	64.7	9.7	0.2	23.1	772.2	1923/1168.6	1932/447.1	98.4	1923	7	18	1922—1923 1932	

附表三　各地雨量表

11	10	9	8	7	6	5
河　五	道　蚌	埠　鳳	縣　亳	縣　宿	縣　泗	眙　盱··
41.8	14.0	34.5	50.6	14.7	82.4	24.4
21.5	25.8	41.5	26.9	4.4	36.1	27.0
43.6	23.0	82.5	10.5	31.1	20.8	38.6
34.1	19.9	42.7	35.9	19.6	54.0	55.8
55.0	52.5	53.3	120.5	13.8	65.1	52.1
44.0	86.6	104.7	65.1	57.0	82.4	89.3
160.8	383.3	172.8	57.6	102.4	153.4	231.5
137.8	145.3	120.5	46.7	115.0	105.2	117.6
80.5	98.0	96.7	35.8	57.7	39.7	90.1
36.2	67.6	94.7	12.7	15.1	22.2	28.2
21.0	16.1	13.0	15.1	8.0	7.4	33.4
28.0	20.7	32.0	15.2	34.3	25.7	32.8
754.4	953.7	888.9	501.0	473.1	644.4	819.6
			1933/756.8	1920/717.7	1933/788.1	1926/1323.8
			1932/311.2	1922/143.6	1932/509.6	1932/330.5
			48.7	122.5	138.4	71.7
			1923	1923	1926	1923
			1	7	7	7
			29	18	5	6
1926—1928	1926—1928	1926—1928	1922—1923 1932—1933	1917 1920—1922 1929	1922—1923 1932—1933	1918—1923 1925—1928 1931—1933

一五三

附表四　各地雨日表

站號	地名	一月	二月	三月	四月	五月	六月	七月	八月	九月	十月	十一月	十二月	全年	記錄年份	來源
魯 16	青島	5.1	3.4	4.8	7.1	8.0	9.6	14.1	11.9	8.6	4.9	4.5	4.9	88.9	1898—1933	缺1915, 1925 不全1898, 1914, 1927, 1929 5(1898—1924) 膠澳商埠觀象臺(1925—1927) 3(1929—1933)
29	館陶	0.6	1.2	1.0	3.0	2.2	2.6	8.0	4.6	1.4	1.2	0.4	0.2	26.4	1921—1925	5
37	濟南	1.9	2.5	3.2	3.8	4.6	7.2	12.6	10.8	6.0	2.7	2.1	3.1	60.5	1921—1925 1932—1933	5 9
42	洛口	0.8	0.6	1.2	1.2	2.0	3.6	6.8	6.2	1.4	1.4	0.2	0.4	27.2	1920—1925	5
44	臨清	1.9	1.7	1.6	2.3	4.0	4.9	11.4	8.8	2.7	1.4	0.7	0.9	42.3	1919—1925 1931—1932	5 8
46	瑯琊島	1.5	1.4	2.7	4.3	4.2	5.6	7.8	7.9	5.1	3.6	3.5	2.7	50.3	1887—1933	5(1887—1924)7(1925—1928) 2(1929—1933)
55	朱家寨	0.3	0.7	2.3	1.7	5.0	4.0	7.0	4.7	3.3	1.3	1.0	1.0	32.3	1922—1925 1932	5(1922—1925)8(1932)
56	成山頭	2.3	1.3	2.6	3.6	4.0	5.0	7.9	7.1	5.0	3.6	3.6	2.8	48.8	1887—1933	5(1887—1924)7(1925—1927) 2(1928—1933)
58	芝罘	4.5	2.7	3.4	4.0	4.6	5.3	9.4	9.6	5.4	4.1	4.4	5.6	63.0	1887—1933	5(1887—1924)7(1925—1927) 2(1928—1933)
63	猴磯島	0.9	0.7	2.0	2.9	3.4	4.6	6.9	6.1	3.8	3.0	2.4	1.5	38.2	1887—1933	5(1887—1924)7(1925—1927) 2(1928—1933)
2	臨沂	2.8	2.2	3.4	4.3	7.3	4.0	7.2	7.7	2.8	1.8	1.8	4.3	49.6	1927—1933	6
39	平度	2.9	4.8	3.3	5.9	7.3	7.8	11.8	12.4	6.2	4.5	3.6	5.3	75.8	1925—1933	6
65	聊城	0.1	0.1	1.5	2.4	5.3	6.5	11.0	10.4	4.9	1.6	1.4	0.6	45.8	1925—1933	6
66	威海衛	11.5	7.0	8.5	5.5	6.5	7.5	14.5	13.0	7.0	7.5	7.0	11.5	107.5	1932—1933	6

豫	5	信陽	7.0	4.3	3.7	8.0	9.0	7.0	4.0	7.0	5.0	3.3	2.4	5.0	65.7	1922—1923 1931—1933	25
	8	新蔡	6.0	2.7	3.0	5.0	6.0	3.0	3.7	8.0	3.0	2.3	0.3	3.3	46.3	1922—1923 1931—1933	25
	13	駐馬店	5.7	2.0	4.7	6.6	7.0	4.0	4.7	8.3	5.3	3.7	2.0	6.3	60.3	1922—1923 1931—1933	25
	27	周家口	5.3	1.7	3.3	5.7	6.7	3.7	6.3	4.0	3.7	2.3	1.3	3.0	47.3	1922—1923 1932—1933	25
	32	太康	4.3	4.3	2.8	4.3	2.8	8.3	9.5	6.8	7.4	4.6	2.4	15.0	59.0	1905—1907 1915—1917	5
	33	扶溝	3.3	4.0	3.9	5.0	8.0	5.5	12.8	7.8	7.7	4.5	3.3	3.3	69.2	1918—1926	5,6
	43	杞縣	3.3	1.7	2.0	4.0	7.0	4.7	6.7	6.7	5.3	2.3	2.0	3.0	48.7	1922 1932—1933	25
	57	開封	2.4	1.7	1.4	4.0	5.7	4.0	8.6	9.1	4.0	2.9	10.4	2.4	56.6	1922—1933	5,6
	68	陝縣	1.8	1.0	2.7	4.7	6.3	4.3	8.3	6.0	4.5	2.8	1.7	1.4	45.5	1921—1925 1932	5(1921—1925)8(1932)
	86	汲縣	1.3	2.1	2.4	2.8	4.1	3.8	8.0	7.5	4.8	1.5	1.4	0.5	40.2	1919—1927 1931—1933	5,6
	88	道口鎮	0.0	0.5	1.5	2.3	2.7	2.3	6.0	4.5	1.2	1.0	0.0	0.0	22.0	1922—1925	5
	92	安陽	1.4	1.0	1.4	2.4	3.6	4.3	7.6	6.4	2.7	1.1	0.7	0.9	33.5	1921—1925 1932，1933	5(1921—1925)8(1932) 5(1933)
	97	武安	0.5	0.7	0.5	1.8	2.4	2.0	3.0	3.5	2.8	2.0	0.4	0.5	20.1	1920—1925	5
	26	淮陽	3.0	7.1	1.6	4.3	3.0	2.5	5.0	5.6	5.6	1.9	2.3	1.0	42.9	1925—1933	6
	65	洛陽	4.5	4.5	1.3	3.3	3.4	6.0	4.0	5.6	2.7	2.5	1.0	2.0	40.8	1930—1933	6
冀	2	大名	2.1	1.9	2.1	3.3	3.6	4.9	7.7	9.4	4.7	2.2	1.9	1.9	45.7	1908—1910 1917—1918 1920—1933	5(1908—1925)6(1926—1933)
	5	威縣	6.0	1.8	5.4	5.6	4.2	10.0	11.2	11.8	8.4	3.0	6.2	2.0	75.6	1907—1911	5

附表四　各地雨日表　　　一五五

各地雨日表(續)

站數	地名	一月	二月	三月	四月	五月	六月	七月	八月	九月	十月	十一月	十二月	全年	記錄年份	來源
6	刑台	0.3	1.3	1.7	1.5	3.0	5.0	11.7	7.3	1.3	1.5	0.3	0.0	34.9	1922—1925	5
7	蕭張	0.0	1.0	1.3	2.2	3.5	4.5	9.7	10.2	3.5	1.3	1.0	0.8	39.0	1923—1925 1932	5(1923—1925)8(1932)
8	衡水	1.8	0.9	0.8	3.0	3.7	4.7	9.5	7.8	2.8	1.3	0.2	0.7	37.2	1921—1925 1932	5(1921—1925)8(1932)
11	深澤	0.8	0.2	1.0	1.4	3.0	3.4	8.0	5.4	2.6	0.4	0.2	0.6	27.0	1922—1925 1932	5(1922—1925)8(1932)
12	陵陀	0.0	1.7	2.0	2.3	3.0	3.0	7.0	5.5	2.0	0.7	0.0	0.0	27.2	1922—1925	5
13	獻縣	1.7	0.7	1.1	1.4	2.5	3.9	0.6	5.1	2.3	1.1	0.6	1.0	28.0	1919—1925	5
14	張家莊	1.9	2.3	2.1	3.6	4.8	5.8	8.1	6.6	5.7	3.6	2.0	1.5	48.0	1876—1885 1890—1897 1916—1920	5
15	臧家橋	1.3	0.3	1.0	1.6	3.0	4.7	8.3	6.3	2.3	1.0	0.1	0.7	30.6	1919 1921—1925 1932	(缺1920) 5(1919—1925)8(1932)
21	馬廠	0.8	1.2	1.0	2.0	2.8	5.6	10.2	7.8	3.4	1.0	0.4	1.4	37.6	1922—1925 1932	5(1922—1925)8(1932)
26	保定	1.8	1.2	1.2	2.4	6.0	7.8	8.0	9.6	3.2	1.6	1.0	2.4	46.2	1929—1933	16
28	雄縣	0.8	0.6	1.6	1.8	3.6	5.6	10.0	8.0	4.8	1.4	1.4	0.6	40.2	1921—1925	5
29	新鎮	1.3	0.4	1.2	2.0	2.7	5.4	9.9	6.1	3.0	0.7	0.4	1.0	34.0	1919 1921—1925 1932	(缺1920) 5(1919—1925)8(1932)
32	塘沽	2.3	2.0	2.7	3.3	5.2	7.2	10.7	10.1	5.2	2.5	2.6	1.9	55.7	1910—1933	5(1910—1924)7(1925—1927) 2(1928—1933)
33	樂亭	1.3	0.7	2.2	1.7	4.0	6.3	12.8	8.5	3.6	0.7	0.5	1.2	43.5	1919,1921, 1923—1925 1932	(缺1920, 1922) 5(1919—1925)8(1932)

34	楊柳青	1.4	1.3	2.0	2.1	4.3	7.1	11.0	7.0	4.4	1.6	1.2	1.2	44.6	1919 1921—1925 1932	(缺1920) 5(1919—1925)8(1932)
35	天津	1.2	1.3	2.3	2.4	4.7	5.6	9.6	8.5	5.2	2.4	1.7	1.2	46.1	1891—1933	(缺1893, 1901) 5,6
38	高橋	0.8	1.2	2.0	2.4	4.2	5.8	10.4	7.8	4.6	1.8	1.6	0.8	43.4	1921—1925	5
39	唐山	0.7	1.0	1.3	2.0	6.0	10.0	14.3	8.3	4.0	1.7	1.7	0.7	51.7	1924—1925 1932	5(1924—1925)8(1932)
40	蔡村	1.2	0.7	2.0	3.0	5.2	8.8	12.8	9.2	5.0	1.3	1.3	1.2	51.7	1921—1925 1932	5(1921—1925)8(1932)
43	良鄉金門閘	1.2	0.8	2.8	2.2	5.5	9.0	14.1	10.2	5.7	1.3	1.7	0.7	55.2	1921—1925 1932	5(1921—1925)8(1932)
44	張坊鎮	1.0	1.0	3.0	4.0	7.0	7.5	18.5	13.0	5.0	1.0	2.0	1.0	64.0	1924—1925	5
47	蘆溝橋	0.5	0.8	2.0	2.3	4.7	6.0	11.8	8.7	5.2	0.3	1.0	1.0	44.3	1921—1925 1932	5(1921—1925)8(1932)
48	玉田	1.3	1.0	0.7	1.0	4.0	7.3	12.0	6.0	3.7	1.0	1.3	0.4	39.7	1924—1925 1932	5(1924—1925)8(1932)
49	北平	2.7	3.1	3.5	3.8	5.6	8.5	13.4	10.7	6.8	3.9	2.2	1.6	65.8	1875—1933	缺1883—1880,1900—1904, 1909,1912—1916,1919—1930 24
50	秦皇島	2.2	2.0	4.1	4.5	7.0	10.3	13.3	10.7	6.2	3.7	3.4	2.6	70.0	1909—1933	5(1909—1924)7(1925—1927) 2(1928—1933)
51	通縣	1.7	1.0	2.3	2.9	5.0	7.4	13.0	8.3	5.1	1.6	1.4	1.0	50.7	1919 1921—1925 1932	(缺1920) 5(1919—1925)8(1932)
53	蘇莊	1.3	0.9	2.2	2.2	3.5	6.5	11.8	7.3	4.7	0.7	1.3	0.8	43.2	1921—1925 1932	(缺1920) 5(1919—1925)8(1932)
52	三家店	1.3	1.5	2.5	2.3	6.3	7.5	12.7	10.7	6.7	2.5	1.0	0.7	55.7	1921—1925 1932	5(1921—1925)8(1932)
54	大沽	4.2	1.5	2.7	3.8	4.2	8.5	10.5	8.3	6.0	4.3	2.2	0.5	56.7	1905—1910	5
晉 1	天鎮	0.5	0.0	2.0	1.5	5.0	4.8	5.4	5.8	3.0	2.5	0.5	0.5	31.5	1920—1925	5

附表四 各地雨日表

一五七

各地雨日表(續)

站	號	地名	一月	二月	三月	四月	五月	六月	七月	八月	九月	十月	十一月	十二月	全年	記錄年份	來源
	3	大同	1.0	1.4	1.5	1.3	3.4	5.3	6.6	5.5	3.5	1.7	0.5	0.2	31.9	1919—1925	5
	6	渾源	1.4	1.2	2.8	3.8	5.6	7.6	9.4	9.2	4.2	2.0	1.2	0.4	48.8	1921—1925 1932	5(1921—1925)8(1932)
	15	代縣	1.0	0.5	1.5	2.8	4.4	3.8	8.2	7.4	4.4	1.3	0.2	0.8	36.3	1920 1922—1925	5
	29	忻縣	0.9	0.5	1.8	1.7	5.3	4.3	9.0	9.8	4.0	1.0	1.0	0.4	39.7	1921—1925 1932	5(1921—1925)8(1932)
	33	平定	1.0	1.0	0.7	2.3	4.0	4.0	9.3	10.3	2.7	1.5	0.7	0.8	37.8	1922—1925	5
	34	榆社	1.3	1.3	2.0	2.7	3.0	2.7	12.7	8.3	4.3	2.0	1.0	0.4	41.7	1923—1925	5
	36	太原	1.8	1.9	2.4	3.2	4.7	7.0	10.2	8.8	6.1	2.8	1.6	2.0	52.0	1916—1933	1
	45	平遙	0.7	0.7	0.3	3.3	4.0	4.3	9.3	8.3	5.7	1.0	0.7	1.0	39.3	1923,1925, 1932	5(1923, 1925)8(1932)
	46	汾陽	4.0	2.0	2.0	5.0	4.0	5.0	10.0	9.0	4.0	2.0	1.0	0.0	47.0	1922—1925	5
	52	隰縣	1.0	1.0	2.0	3.0	3.0	2.7	11.0	7.3	2.3	1.7	0.7	0.0	35.7	1925	5
	93	長治	2.7	2.3	2.7	4.3	5.7	5.0	10.0	6.7	4.0	3.0	1.0	1.3	48.7	1921,1923, 1924	5
	94	晉城	3.0	2.0	4.8	4.8	6.8	6.2	10.2	8.2	4.7	3.7	1.2	0.5	56.1	1922—1925	5
	98	香火地	2.2	2.7	3.0	6.0	7.5	9.5	11.0	9.0	12.0	1.0	0.0	3.0	66.9	1917—1919	5
陝	25	西安	3.4	3.6	4.8	7.0	7.4	6.6	9.0	10.0	9.6	8.0	3.6	3.0	76.0	1923—1925 1932—1933	18
	13	通遠坊	4	2.6	2.6	4.1	5.7	6.3	13.0	8.2	5.6	6.1	2.6	4.5	65.3	1921, 1923 1925—1933	5(1921, 1923)6(1925—1933)

	30	城固	4.6	4.8	7.4	10.6	10.1	9.0	7.5	12.0	10.6	10.2	6.7	5.6	99.1	1925—1933	6
	31	南鄭	3.5	3.0	2.5	5.5	6.5	6.0	9.0	4.7	6.3	4.0	3.0	5.5	59.5	1931—1933	35
	32	安康	3.0	3.5	3.0	6.0	9.0	5.5	8.5	9.5	8.3	6.3	3.5	4.0	70.1	1924—1926	5
	33	洛川	0.5	1.5	1.5	1.5	3.7	3.0	5.3	4.3	3.7	2.0	1.3	2.3	30.6	1931—1933	35
甘	1	蘭州	4	2	3	4	5	9	11	14	13	8	0	8	71.0	1932—1933	6
察	1	蔚縣	0.3	1.3	3.5	4.5	6.0	7.8	13.0	7.2	6.3	2.0	1.2	0.8	53.9	1922—1925	5
	4	楊家坪	0.0	2.0	10.0	3.0	11.0	9.5	17.0	15.5	8.0	1.5	1.5	1.0	80.0	1924—1925	5
	5	懷來	0.5	2.0	3.5	4.0	5.0	6.0	9.3	8.0	4.0	2.0	1.3	0.7	46.3	1923—1925	5
	7	張家口	0.7	3.2	2.3	1.8	6.0	8.4	10.1	9.4	6.3	3.0	1.3	0.8	53.3	1919—1925	5
	14	西灣子	5.7	5.5	5.9	6.0	8.7	7.8	13.0	9.7	10.6	6.0	5.6	5.9	90.4	1881—1886 1917—1933	5,6
綏	1	合必屋	2.7	5.0	4.0	6.3	9.3	12.3	11.7	14.3	9.3	5.4	1.0	3.0	84.3	1920—1922	5
	2	廿四頃地	1.1	1.3	1.5	2.1	3.9	5.2	9.3	7.8	4.4	1.7	1.2	1.6	41.1	1925—1933	6
	3	薩拉齊	0.8	0.8	1.5	1.7	4.0	5.4	9.7	8.5	2.8	1.5	0.8	1.3	38.8	1921 1923—1925 1927, 1933	(缺1922) 5(1921—1925) 6(1927, 1933)
	4	歸化縣	0.4	1.7	1.3	1.2	4.2	4.8	6.6	8.8	4.2	2.2	1.0	0.4	36.8	1920—1925	5
	9	南濠塹	2.2	3.4	5.4	5.0	8.0	10.0	8.7	5.3	4.0	3.8	2.6	2.6	61.0	1925 1930—1933	6

附表四　各地雨日表

一五九

各地雨日表

站號		地名	一月	二月	三月	四月	五月	六月	七月	八月	九月	十月	十一月	十二月	全年	記錄年份	來源
寧	1	三道河	0.3	1.0	1.7	1.7	3.7	2.3	5.6	7.3	2.7	0.7	1.7	0.0	28.7	1923—1925	5
蘇	1	淮陰	3.9	4.8	4.2	6.8	7.2	7.1	10.5	9.9	5.4	2.7	3.0	4.6	70.1	1918—1922 1930—1933	25
	2	阜寧	4.4	5.4	4.4	5.4	4.2	6.2	12.1	9.4	5.7	2.6	5.0	5.3	70.1	1921—1922 1925—1928 1931	25
	3	宿遷	4.7	3.6	4.0	4.6	4.4	6.2	9.3	8.6	4.1	1.7	3.3	4.2	58.7	1919 1921—1922 1925—1928 1931—1932	25
	4	響水口	2.8	3.2	3.0	5.3	4.8	4.7	8.5	8.0	4.3	2.0	2.7	3.2	52.5	1920, 1922 1930—1933	25,2
	5	徐州	4.5	4.1	4.2	5.7	5.2	6.6	8.9	9.5	4.4	2.5	2.9	5.0	63.5	1916—1919 1922, 1927 1928—1933	2
	8	東海	3.0	3.2	3.6	4.2	3.4	4.8	9.2	7.2	4.6	1.6	2.4	3.8	51.0	1918—1922	25
	10	界首	5.2	4.5	5.7	6.5	4.7	7.5	9.8	10.1	6.3	3.2	5.5	4.7	73.7	1921—1928	25
	11	白駒	4.7	3.7	4.2	6.2	4.3	8.0	7.5	7.1	4.8	3.0	4.0	3.7	61.2	1921—1928	25
皖	1	霍邱	9.2	5.9	8.9	10.3	8.0	10.2	12.1	7.7	8.7	8.7	5.0	5.1	99.8	1900—1911	5
	2	正陽關	5.3	4.3	2.7	6.7	6.3	4.3	3.3	6.7	3.3	3.0	2.7	2.4	51.0	1922, 1932 1933	25
	3	蚌埠	3.1	2.9	4.4	5.0	5.0	4.8	7.2	6.7	4.5	2.1	2.3	3.4	51.4	1918—1922 1925—1928 1932—1933	25

4	平陽	7.3	3.0	3.0	8.0	6.7	4.0	4.0	9.3	4.7	2.0	1.7	4.0	57.7	1922, 1932 1933	25
5	盱眙	7.3	5.0	3.0	7.0	8.0	7.6	5.7	7.7	6.0	4.0	1.7	5.3	68.3	1922, 1932 1933	25
5	盱眙中渡	4.7	4.6	5.2	5.7	5.2	6.4	10.6	8.0	5.1	2.7	3.5	5.6	67.3	1918—1922 1925—1928 1931—1933	25
6	泗縣	5.0	2.7	3.7	6.3	6.0	4.7	8.3	6.3	4.3	2.0	1.4	2.3	53.0	1922 1932, 1933	25
7	宿縣	5.2	1.2	4.4	3.8	2.0	5.4	9.2	9.0	4.6	3.2	1.2	5.0	54.2	1917 1920—1922 1929	5(1917, 1920—1922) 6(1929)
8	蕭縣	4.0	1.7	2.0	4.0	8.0	4.7	6.6	7.0	4.3	2.0	2.7	2.7	49.7	1922 1932, 1933	25

附表五 各地溫度表

*表示五—十年（單位 ℃）**表示十年以上

站數	地名	一月	二月	三月	四月	五月	六月	七月	八月	九月	十月	十一月	十二月	年平均	絕對最高溫度	絕對最低溫度	記錄年份	備註
魯 1	嶧縣	0.3	1.9	8.4	13.6	19.1	25.3	27.3	26.5	19.6	15.1	7.5	1.8	13.9			1930—1932	
2	臨沂	-3.3	-0.6	7.2	12.3	19.9	25.7	27.4	27.6	21.8	16.0	7.5	1.4	13.6			1930—1932	
3	金鄉	3.8	3.7	10.4	16.2	21.8	28.5	29.1	27.2	22.4	15.3	10.5	3.7	16.1			1930—1932	
6	嘉祥	0.5	1.6	10.1	19.7	20.7	27.0	28.2	26.9	23.2	16.6	9.8	3.5	15.7			1930—1932	
8	泗水	-1.3	1.8	9.3	15.1	21.4	27.4	29.9	29.4	22.8	15.7	8.1	2.2	15.2			1930—1933	
10	沂水	0.4	1.3	7.9	13.6	20.1	26.9	26.5	27.3	24.0	15.7	8.3	3.1	14.6			1930—1932	
11	汶上	-3.4	3.8	8.4	12.4	17.3	27.2	26.3	30.6	23.9	18.9	12.2	4.5	16.0	37.3 1932/7	—3.8 1930/1	1930—1932	

附表五 各省溫度表

一六三

各地溫度表(續)

＊表示五——十年（單位 °C）＊＊表示十年以上

站號	地名	一月	二月	三月	四月	五月	六月	七月	八月	九月	十月	十一月	十二月	年平均	絕對最高溫度	絕對最低溫度	記錄年份	附註
14	東平	-2.9	2.1	10.1	15.5	22.1	28.3	29.9	27.7	23.5	17.8	7.5	2.3	15.4			1930—1932	
15	范縣	4.2	0.8	9.3	15.6	20.8	27.5	28.5	26.5	21.6	16.0	7.3	0.8	15.0			1930—1932	
16	＊＊青島	-1.2	-0.1	4.3	10.0	15.5	19.8	23.4	25.0	21.3	15.7	8.3	1.4	11.9	35.6 1908/8/5	-15.4 1917/1	1898—1933	
19	泰安	-1.0	1.7	9.6	14.9	20.9	27.0	28.2	28.3	23.7	17.9	8.3	1.8	15.1			1930—1932	
20	東阿	-0.4	3.9	10.8	17.8	24.1	29.8	31.5	28.5	24.1	18.0	8.7	3.5	16.7			1930—1932	
21	萊蕪	-2.8	0.4	7.8	13.8	20.8	26.1	27.7	26.0	21.3	13.7	6.7	1.2	13.8			1930—1932	
22	膠縣	-0.8	1.2	7.1	12.6	19.3	23.3	26.7	26.8	22.3	15.1	7.9	2.1	13.6			1930—1932	
23	高密	-1.4	0.8	5.4	13.8	19.3	24.6	26.2	22.4	21.8	14.9	8.2	1.6	13.1	28.3 1932/7	-4.6 1930/1	1930—1932	
26	博山	-2.0	1.3	8.1	15.7	21.0	28.1	28.8	30.1	21.1	13.5	6.9	1.2	14.5			1930—1932	
27	冠縣	-4.3	-3.3	6.0	12.1	19.4	27.0	29.5	27.2	22.2	14.2	5.0	-1.8	12.7			1930—1932	
28	長清	2.0	4.2	8.8	15.8	23.5	27.7	27.8	26.7	22.2	14.9	9.4	2.6	15.5			1930—1932	
30	淄川	-1.5	-0.8	6.0	17.3	22.8	27.2	28.1	26.5	22.8	15.4	8.4	2.4	14.7			1930—1932	
31	茌平	-2.4	-0.8	8.2	14.9	22.2	28.1	28.8	27.4	22.8	15.5	7.2	1.2	14.5			1930—1932	
32	濮縣	1.4	3.1	6.8	13.6	21.2	27.0	27.2	26.3	23.3	16.9	8.5	3.3	14.9			1930—1932	
33	益都	-0.7	1.2	8.2	14.4	21.7	26.7	28.3	26.7	21.4	15.5	7.8	1.7	14.4			1930—1932	
34	昌樂	-2.8	0.2	7.3	12.8	21.2	25.8	26.7	26.1	21.9	15.2	7.4	0.9	13.6			1930—1932	

35	海陽	-0.6	1.7	3.9	11.5	16.2	23.4	24.7	25.5	21.7	14.2	11.7	3.9	13.2			1930—1932	
37	濟南	-1.1	0.7	6.7	15.7	22.2	26.9	29.2	26.1	22.4	15.5	9.0	1.9	14.6	34.7 1933/7/?	-9.3 1933/1/?	1930—1933	
38	昌邑	-0.8	2.7	6.2	13.2	20.2	24.9	26.2	26.6	23.0	16.2	8.1	2.9	14.1			1932—1933	
39	*平度	-2.6	0.0	8.0	14.5	20.7	25.1	33.0	26.5	20.3	13.9	6.9	-0.1	13.9	43.0 /?	-20.0 /?	1925—1931	
41	清平	-1.2	1.4	9.3	15.6	22.8	29.0	29.3	27.1	23.7	15.8	7.5	1.4	15.1			1930—1932	
45	壽光	-3.6	-0.3	6.1	14.8	21.4	26.6	29.1	27.3	21.9	15.0	8.3	0.5	13.9			1930—1932	
46	**琅琊島	-0.9	-0.5	3.0	8.4	13.6	18.3	21.9	24.0	21.2	16.3	8.9	2.2	11.4	31.6 1898/8/31	-12.8 1893/1/15	1887—1916	
48	夏津	-0.9	2.1	9.7	15.2	21.6	26.9	27.7	26.2	22.4	11.4	7.2	1.3	14.2			1930—1932	
49	廣饒	-6.4	-0.9	4.0	13.0	20.1	26.0	27.1	26.9	22.9	15.9	9.0	0.9	13.2			1930—1932	
53	臨邑	0.4	1.4	5.6	13.7	19.9	29.0	31.8	29.3	24.6	16.4	10.6	2.3	15.4			1930—1932	
54	恩縣	-0.9	2.3	11.3	17.0	22.5	28.0	29.9	27.2	22.5	17.5	8.6	3.5	15.8			1930—1932	
56	**成山頭	-0.9	-0.5	3.1	8.6	13.7	18.5	22.5	23.9	21.3	15.6	8.9	2.2	12.2	33.3 1894/8/24	-13.9 1895/1/30	1887—1933	
57	惠民	0.9	3.7	11.6	16.8	22.7	27.9	29.8	28.6	24.2	18.0	8.9	2.9	16.3			1930—1932	
58	**芝罘	-4.3	-0.5	4.7	11.9	18.3	22.7	25.5	25.7	21.6	18.2	8.1	1.6	12.8	40.0 1889/6/17	-12.8 1895/2/1	1887—1933	
59	蓬萊	-1.2	1.9	5.4	12.5	19.6	24.6	27.2	27.0	22.8	15.7	8.4	2.7	13.9			1930—1932	
60	黄縣	-3.7	-1.1	3.8	11.4	19.1	23.0	25.9	26.1	20.6	13.3	5.6	-2.0	11.8	39.0 1910/7/22	-17.0 1910/12/12	1910—1916	（其中只一年記錄完全）
61	無棣	-4.9	0.4	7.5	15.4	18.9	25.9	28.3	27.7	22.5	16.1	7.0	0.6	13.8			1930—1932	
62	樂陵	-2.3	0.2	6.2	15.9	24.2	27.6	29.2	27.4	23.6	16.3	7.7	0.4	14.7			1930—1932	

附表五 各地温度表

一六三

各地温度表(續)

＊表示五—十年（單位 °C）＊＊表示十年以上

站號	地名	一月	二月	三月	四月	五月	六月	七月	八月	九月	十月	十一月	十二月	年平均	絕對最高温度	絕對最低温度	記錄年份	備註
63	＊＊猴磯島	-2.2	-1.7	2.7	7.8	14.9	16.7	22.6	24.0	20.5	15.4	7.5	1.1	11.2	37.2 1886/7/21	-12.8 1893/1/15	1887—1916	
64	泰山	-12.0	-7.4	-3.7	4.2	11.9	14.5	19.0	17.0	12.7	4.9	-1.1	-4.4	4.7			1933—1934	
豫 32	太康	2.9	2.6	9.7	16.3	21.9	25.0	27.2	26.7	22.2	17.9	9.6	4.8	15.6	38.1 1906/6/13	-9.5 1905/12/21	1906	
57	開封	-1.2	2.0	7.5	14.3	21.2	25.8	29.0	25.8	21.4	14.7	9.0	3.3	14.4			1932—1934	
86	汲縣	-0.4	2.1	7.7	14.9	21.6	27.1	25.8	—	20.7	13.8	4.1	-2.2				1912—1914	
冀 2	大名府	-2.1	0.5	5.8	14.3	21.9	25.7	28.8	27.5	21.4	16.0	6.9	0.4	11.9	38.2 1908/8/6	-13.7 1909/1/21	1908—1911	
14	＊＊張家莊	-4.5	1.4	5.5	14.0	20.7	26.1	28.1	26.6	21.5	13.8	4.5	-2.1	12.9	44.0 1881/7/12	-18.3 1900/1/8	1877—1916	記錄全者12年
26	＊清苑	-4.5	-1.7	5.9	13.6	20.7	24.9	26.8	25.0	20.7	12.9	4.2	-2.2	14.2	33.9 1930/7/?	-12.7 1932/1/?	1929—1933	
32	＊塘沽	-4.6	-2.5	4.2	12.2	19.4	24.0	26.7	25.7	21.4	13.8	4.1	1.9	13.3	82.4 1932/7/?	-11.6 1933/1/?	1928—1933	
35	＊＊天津	-4.1	-1.8	4.7	12.7	19.5	23.7	26.1	25.9	20.8	14.2	4.5	-2.4	11.9	41.9 1907/6/26	-18.7 1915/1/13	1907—1916	
46	＊＊長辛店	-1.9	-3.7	3.3	11.5	18.6	24.7	26.1	24.4	20.1	12.7	4.1	-1.9	11.5	45.0 1902/7/8	-16.6 1905/12/30	1905—1916	
49	＊＊北平	-4.6	-1.7	5.1	13.7	20.0	24.5	26.1	24.9	19.8	12.6	3.9	-2.7	11.8			1841—1876 1915—1933	
50	＊秦皇島	-6.1	-3.3	1.4	9.1	15.6	20.4	23.8	24.3	19.4	12.7	3.6	-4.1	9.7	37.2 1906/6/9	-21.1 1912/12/28	1909—1916	
54	大沽	-1.7	0.4	5.1	13.7	20.2	22.9	25.8	26.0	20.3	14.7	3.5	-3.3	11.8	39.0 1914/7/12	-17.8 1913/12/17	1914—1916	

55	北方大港	-3.4	-2.7	3.6	11.1	17.4	22.8	27.0	26.1	22.4	14.8	5.9	-0.6	12.0			1931—1933
晉 1	*天鎮	-8.8	-6.4	-0.6	6.1	13.4	18.6	21.4	19.6	17.0	7.5	0.1	-6.1	6.8			1921—1925
2	*陽高	-9.8	-8.5	-2.3	7.3	12.8	16.5	19.0	18.2	14.7	9.3	0.1	-6.3	5.9			1921—1925
3	*大同	-8.1	-5.3	0.9	8.6	15.1	20.5	24.8	21.2	15.5	8.7	-0.7	-6.6	7.7			1921—1925
4	*左雲	-8.8	-8.3	-0.8	7.3	14.1	18.6	21.4	20.7	14.8	8.4	-1.0	-5.7	6.7			1921—1925
5	*右玉	-14.8	-12.6	-1.8	7.1	13.9	19.2	21.5	19.5	12.8	5.6	-4.0	0.5	4.6			1921—1925
6	*渾源	-7.9	-4.5	1.3	9.1	15.2	21.7	25.0	25.1	20.1	11.4	0.5	-6.6	8.9			1921—1925
7	*懷仁	-11.6	-8.1	-3.1	5.7	14.6	18.6	20.8	19.2	13.2	4.5	-4.2	-9.7	4.8			1921—1925
8	*平魯	-13.6	-10.0	-0.5	5.1	14.9	20.5	23.5	17.6	14.4	1.4	3.9	-9.3	4.8			1921—1925
9	*廣靈	-10.1	-2.8	3.8	13.4	19.1	20.4	22.1	22.2	17.1	9.2	2.5	-2.5	9.5			1921—1925
10	*靈邱	-14.5	-8.3	-2.4	6.3	13.3	20.9	24.4	22.9	16.6	9.3	0.5	-8.6	6.5			1921—1925
11	*應縣	-8.5	-6.9	0.5	8.3	15.8	20.9	23.7	21.8	15.8	9.6	-1.6	-7.4	7.6			1921—1925
12	*山陰	-9.6	-8.0	1.2	9.5	17.0	21.4	27.2	25.5	21.6	14.8	3.4	-5.3	10.1			1921—1925
13	*朔縣	-4.4	-4.6	1.5	9.2	15.6	20.0	23.2	21.4	16.0	10.1	2.4	-5.0	9.0			1921—1925
14	*繁峙	-9.1	-4.0	2.3	10.4	16.8	21.2	23.0	21.3	15.7	8.6	-0.4	-6.8	8.3			1921—1925
15	*代縣	-2.4	0.0	5.7	13.0	17.3	22.5	24.9	23.2	17.9	12.0	3.6	-2.1	11.3			1921—1925
16	*神池	0.7	-0.8	2.2	5.4	7.8	12.9	16.4	20.6	17.5	9.6	2.8	1.7	8.0			1921—1925
17	*寧武	-7.7	-5.6	0.2	8.4	14.1	18.7	20.6	17.1	13.3	7.5	-0.9	-7.1	6.4			1921—1925

附表五　各地温度表

一六五

各地温度表（續）

＊表示五—十年（單位 °C）＊＊表示十年以上

站號	地名	一月	二月	三月	四月	五月	六月	七月	八月	九月	十月	十一月	十二月	年平均	絕對最高溫度	絕對最低溫度	記錄年份	備註
18	＊五寨	-11.1	-9.9	3.5	8.5	12.9	14.6	20.1	19.7	15.9	10.0	4.7	-4.9	7.1			1921—1925	
19	＊偏關	-2.1	0.5	4.5	10.7	16.5	23.5	28.8	25.5	20.5	9.3	-2.8	-8.2	11.0			1921—1925	
20	＊河曲	-11.3	-5.6	2.0	10.8	18.1	22.2	25.4	24.0	17.5	9.8	1.1	-7.7	8.8			1921—1925	
21	＊保德	-4.2	-1.0	3.8	7.5	15.9	22.7	25.4	23.8	17.1	13.4	5.1	-1.2	10.7			1921—1925	
22	＊岢嵐	-6.7	-5.1	-2.0	4.0	9.1	16.2	17.0	16.2	12.6	8.1	-2.1	-8.7	5.2			1921—1925	
23	＊興縣	-4.0	0.1	6.0	10.6	14.9	21.6	29.9	28.9	20.9	14.5	4.8	-2.0	12.2			1921—1925	
24	＊嵐縣	-2.6	-1.9	5.5	10.1	16.7	20.9	25.2	25.4	21.0	14.4	8.6	-0.4	11.9			1921—1925	
25	＊靜樂	-5.2	-4.5	2.7	8.9	14.7	20.5	23.4	21.3	14.9	9.3	-0.5	-5.3	8.4			1921—1925	
26	＊崞縣	-7.8	-2.4	5.3	12.8	19.5	24.5	27.1	25.1	19.1	12.8	3.7	-8.8	11.3			1921—1925	
27	＊五台	-6.8	-4.1	3.3	9.6	15.5	21.0	22.9	21.6	15.3	7.9	-0.1	-4.2	8.6			1921—1925	
28	＊定襄	-6.8	-2.4	5.2	12.1	18.6	23.8	25.0	23.5	19.0	11.5	1.1	-5.4	10.4			1921—1925	
29	＊忻縣	-6.9	-2.1	8.5	12.6	18.3	23.2	24.4	22.9	17.2	10.7	2.1	-4.5	10.1			1921—1925	
30	＊盂縣	-1.4	2.7	7.0	12.4	19.8	24.4	27.8	28.0	22.5	17.9	7.0	0.7	14.1			1921—1925	
31	＊方山	-0.1	2.2	6.2	10.4	14.7	20.7	23.6	24.8	22.1	13.5	8.5	3.4	12.4			1921—1925	
32	＊臨縣	-10.6	-5.0	2.4	9.6	16.6	21.0	23.5	22.2	17.9	9.4	-0.4	-8.8	8.1			1921—1925	
33	＊平定	-5.7	-1.9	4.8	8.4	17.7	21.8	25.7	26.1	20.8	14.0	5.4	-0.9	11.6			1921—1925	

34	*[illegible]陽	-8.4	-4.3	1.5	9.4	16.5	21.8	23.0	21.3	16.0	8.6	1.1	-5.4	8.2			1921—1925	
35	*榆次	-7.2	-2.6	4.4	10.6	17.8	22.5	25.4	23.6	18.1	11.0	3.8	-3.2	10.3			1921—1925	
36	*太原	-7.3	-2.5	5.0	12.2	19.2	23.0	25.4	23.0	17.9	10.8	1.8	-4.3	10.3			1929—1933	
37	*渾源	-11.9	-7.5	1.2	8.0	13.2	20.1	24.6	24.3	18.2	12.6	5.7	-6.1	8.5			1921—1925	
38	*昔陽	-4.6	-1.6	4.8	10.9	14.4	21.4	23.7	22.3	17.7	12.9	5.1	-1.4	10.4			1921—1925	
39	*徐溝	-7.1	-1.8	4.4	11.8	18.5	23.5	24.7	22.8	16.3	9.0	0.3	-4.5	9.8			1921—1925	
40	*太谷	-7.0	-5.7	-1.2	9.3	16.9	23.3	22.5	25.4	17.7	12.4	-0.2	-2.9	9.6			1921—1925	
41	*安[illegible]	0.3	2.4	5.4	10.3	17.5	21.0	24.4	25.4	18.3	12.1	8.0	1.3	12.3			1921—1925	
42	*[illegible][illegible]	0.0	1.4	6.5	13.9	19.8	25.0	27.7	26.6	20.9	15.2	4.6	-1.5	13.1			1921—1925	
43	*和順	-6.4	-5.6	3.8	9.8	14.7	18.4	19.6	19.5	15.3	7.8	2.1	-3.8	8.0			1921—1925	
44	*文水	-5.4	-1.3	6.2	13.4	19.2	24.5	25.5	24.9	19.4	13.0	4.6	-0.6	12.0			1921—1925	
45	*平遙	-9.6	-6.9	0.5	6.4	14.5	22.9	24.9	23.8	18.1	9.9	1.5	-4.2	8.5			1921—1925	
46	*汾陽	-3.9	-0.2	6.0	13.0	18.5	23.3	24.7	23.4	18.3	13.1	4.8	-1.9	11.6			1921—1925	
47	*中陽	-6.9	-4.9	2.9	8.9	14.0	21.6	21.2	21.0	15.0	10.6	4.0	-2.8	8.9			1921—1925	
48	*離石	-4.6	1.7	4.4	12.8	18.4	24.8	25.0	24.8	18.6	13.4	3.2	3.8	11.6			1921—1925	
49	*孝義	-5.2	-2.0	4.9	12.6	19.3	25.5	25.3	24.2	18.5	12.5	3.6	-4.9	11.2			1921—1925	
50	*介休	-3.5	0.4	6.1	12.8	19.5	23.9	25.7	24.6	19.4	13.3	5.3	-0.9	12.2			1921—1925	
51	*榆社	-4.4	-1.7	4.6	11.3	17.7	22.6	23.5	22.6	17.8	11.2	3.3	-2.5	10.5			1921—1925	
52	*遼縣	-13.4	-4.1	2.1	10.6	16.7	19.2	20.6	20.3	15.7	8.9	-0.1	-5.8	7.6			1921—1925	

附表五　各地温度表

各地溫度表(續)

*表示五——十年（單位 °C）**表示十年以上

站號	地名	一月	二月	三月	四月	五月	六月	七月	八月	九月	十月	十一月	十二月	年平均	絕對最高溫度	絕對最低溫度	記錄年份	備註
53	*武鄉	-7.3	-2.2	2.8	9.1	13.8	20.0	23.0	21.1	16.0	10.9	3.3	-3.1	9.1			1921—1925	
54	*沁縣	-10.5	-3.0	3.0	9.9	17.8	25.8	26.7	24.3	19.2	10.6	-1.1	-6.3	9.9			1921—1925	
55	*沁源	-4.7	-1.3	3.8	9.5	15.2	19.8	21.5	21.2	17.6	9.8	4.6	-0.4	9.7			1921—1925	
56	*離石	-5.7	-0.3	6.4	11.9	18.8	23.8	26.0	24.1	18.4	11.9	4.8	-2.6	11.5			1921—1925	
57	*汾西	-4.3	-1.8	7.0	14.5	19.0	25.0	25.9	23.7	19.9	14.7	8.1	-2.6	12.5			1921—1925	
58	*隰縣	-4.5	-3.2	1.6	5.7	9.7	17.9	25.8	25.2	18.4	9.9	3.7	-2.5	9.1			1921—1925	
59	*石樓	-2.5	0.8	8.3	10.1	14.9	21.4	27.5	27.8	23.5	16.9	9.6	2.1	13.4			1921—1925	
60	*大寧	0.6	2.3	7·7	13.8	15.6	24.3	26.1	25.0	20.3	15.1	7.6	1.6	13.6			1921—1925	
61	*蒲縣	-7.1	-4.5	1.6	9.8	16.0	22.6	23.2	22.6	18.4	10.8	2.3	-3.7	9.2			1921—1925	
62	*吉縣	-1.4	4.2	8.7	13.1	19.1	24.6	25.7	25.1	18.6	13.4	6.8	2.5	13.4			1921—1925	
63	*鄉寧	-3.2	-0.7	5.6	11.9	18.2	23.4	24.7	23.8	18.4	13.1	8.9	-1.9	11.5			1921—1925	
64	*霍縣	-6.4	-0.8	6.1	14.4	19.8	26.0	27.1	25.7	20.3	12.9	3.7	3.1	12.1			1921—1925	
65	*趙城	-4.2	0.5	8.9	15.2	21.0	27.1	27.5	26.5	21.0	13.1	5.5	-1.4	13.4			1921—1925	
66	*洪洞	-1.8	2.5	8.5	14.0	21.0	25.5	26.8	25.2	20.8	13.0	4.1	-0.1	13.2			1921—1925	
67	*臨汾	-3.7	-2.4	5.6	13.9	21.6	26.8	27.8	26.7	21.1	15.5	4.9	-1.0	12.9			1921—1925	
68	*浮山	-3.2	-0.5	5.8	13.2	19.2	24.2	25.6	23.8	18.4	12.6	5.9	0.7	12.0			1921—1925	

69	•安澤	-1.4	3.2	8.6	13.2	19.6	25.8	27.4	25.2	21.2	13.4	6.8	1.2	13.7			1921—1925	
70	•陵川	1.9	1.3	1.9	6.7	8.4	15.3	20.1	19.5	15.1	15.0	8.7	3.0	10.0			1921—1925	
71	•沁水	-3.4	-2.8	4.6	9.4	12.8	18.6	21.6	20.2	17.6	13.8	9.1	1.5	10.1			1921—1925	
72	•翼城	-3.7	-3.4	9.5	16.5	20.5	25.7	27.3	25.3	20.2	15.0	5.6	-0.2	13.9			1921—1925	
73	•曲沃	-2.2	0.6	7.4	13.2	19.4	25.8	26.2	25.1	20.6	14.3	5.2	-1.5	12.9			1921—1925	
74	•襄陵	-4.0	-2.5	5.1	14.0	20.6	27.9	28.4	26.8	20.2	12.8	5.0	-0.6	12.8			1921—1925	
75	•汾城	-3.5	0.0	7.3	16.0	21.0	24.9	27.2	25.3	19.9	13.6	6.6	1.8	13.3			1921—1925	
76	•新絳	-1.0	3.4	9.1	15.6	20.7	26.6	26.7	25.9	22.3	16.1	7.5	0.8	14.5			1921—1925	
77	•絳縣	-2.7	2.1	8.4	15.1	20.3	25.2	25.8	23.1	18.9	11.7	4.5	-1.2	12.8			1921—1925	
78	•稷山	-2.8	2.8	7.9	15.8	21.2	26.0	27.3	26.1	21.0	17.1	8.5	2.7	14.5			1921—1925	
79	•河津	1.7	4.2	9.4	16.8	25.6	28.3	28.1	27.7	22.5	17.4	10.3	3.7	16.1			1921—1925	
80	•聞喜	-2.2	2.2	7.9	14.3	20.2	25.9	27.0	26.0	19.2	14.2	5.5	0.7	13.6			1921—1925	
81	•萬泉	2.9	2.4	7.7	14.8	21.9	24.6	25.0	24.5	20.3	14.9	7.6	1.2	14.1			1921—1925	
82	•垣曲	0.2	5.0	9.2	17.2	21.5	26.7	28.0	27.2	23.0	17.4	8.8	3.2	15.6			1921—1925	
83	•夏縣	-2.5	2.6	7.8	13.8	18.3	26.0	26.7	27.9	21.4	16.6	9.4	1.7	14.1			1921—1925	
84	•猗氏	-2.1	3.9	9.8	16.1	21.9	27.9	28.9	27.4	22.5	17.2	8.7	2.5	15.4			1921—1925	
85	•榮河	-1.0	2.5	6.4	14.2	20.4	25.2	26.4	25.8	19.6	13.8	7.4	1.2	13.8			1921—1925	
86	•臨晉	0.7	3.2	8.9	15.8	22.2	26.4	27.6	26.8	20.6	15.6	7.0	1.9	14.7			1921—1925	
87	•安邑	-0.5	1.0	8.4	15.7	23.4	27.1	27.9	26.7	21.7	16.1	8.6	0.8	14.6			1921—1925	

附表五　各地温度表　　　　一六九

各地溫度表(續)

＊表示五——十年（單位 °C）＊＊表示十年以上

站	號	地名	一月	二月	三月	四月	五月	六月	七月	八月	九月	十月	十一月	十二月	年平均	絕對最高溫度	絕對最低溫度	記錄年份	備註
	88	＊解縣	-0.7	3.4	9.2	16.0	21.9	26.5	27.2	26.6	22.1	16.2	8.6	2.3	15.0			1921—1925	
	89	＊平陸	-6.0	4.2	7.9	14.6	20.0	25.0	28.6	29.8	23.0	16.8	10.6	3.4	14.9			1921—1925	
	90	＊虞鄉	-0.6	3.2	9.8	16.5	21.9	25.0	28.9	26.8	21.7	16.2	8.1	1.9	15.0			1921—1925	
	91	＊芮城	-1.0	2.4	8.0	14.1	20.0	25.7	26.5	26.0	20.9	16.5	8.8	2.1	14.0			1921—1925	
	92	＊永濟	-2.6	0.0	5.6	10.4	16.7	22.1	28.0	27.9	22.6	16.6	8.2	1.4	13.0			1921—1925	
陝	13	＊通遠坊	0.8	4.1	10.0	17.1	24.0	28.1	30.0	28.0	22.0	17.0	6.8	2.1		44.0	-12.0	1921—1927 1929—1930	
	25	＊西安	-0.6	2.3	8.7	14.7	20.9	26.7	28.3	28.2	20.8	14.0	7.4	1.9	14.3			1923—1925 1932—1934	
甘	1	蘭州	-6.9	-0.6	6.5	12.2	17.5	21.7	22.8	20.6	17.1	8.6	1.3	0.4	10.1			1932—1934	
	4	＊松樹嘴莊	-6.7	-0.4	3.6	11.6	16.3	21.4	22.8	21.6	16.8	9.3	1.7	-3.8	9.5	37.5 2/8	-21.3 12/31	1882—1888	
察	14	＊西灣子	-11.3	-9.3	-0.8	8.8	16.0	21.7	22.6	20.4	15.4	8.4	-4.4	-11.2	8.0	35.6 7/9	-34.5 1/7	1882—1887	
綏	2	＊廿四頃地	-15.1	-9.3	0.0	8.1	15.8	20.4	22.7	20.9	14.3	6.7	-4.3	-15.2	5.4	37.0 1910/7/28	-35.0 1912/1/31	1911—1916	
	8	茂明安	-14.2	-13.8	-5.9	5.6	12.8	19.3	21.1	19.9	13.3	4.8	-5.3	-13.0	3.7	34.0 6/25	-32.0 1/19	1907—1909	

	9	南濠塹	-15.6	-9.1	-4.5	4.6	12.3	26.0	19.2	17.9	10.1	2.9	-4.8	-14.3	3.7			1912	
寧	1	三道河	-13.0	-7.0	1.0	9.0	17.0	21.0	23.5	22.0	14.0	6.0	-3.0	-10.0					
蘇	1	*淮陰	2.71	4.15	8.67	15.37	21.01	25.73	28.90	28.96	23.25	18.47	11.51	5.40	16.18			1914—1915 1922—1924	
	5	*徐州	-1.1	1.5	8.0	13.5	19.6	24.8	28.3	26.9	22.0	15.4	8.2	2.1	14.1			1929—1933	
	8	*東海	1.42	4.66	9.78	16.06	21.50	25.45	28.42	29.12	24.35	19.00	10.96	4.22	16.25			1918—1922	
皖	1	**霍邱	3.1	5.2	9.0	15.2	19.9	24.3	27.5	27.8	22.4	16.8	9.5	3.7	15.4	42.0 1914/7/28	-22.9 1893/1/15	1891—1916	
	7	*宿縣	1.3	3.4	9.1	15.1	21.3	26.0	28.1	28.0	23.3	17.4	9.6	3.8	15.5	40.6 6/22,25	14.4 1/14,15	1916—1931	

附表五　各地温度表

一七一

中華民國二十五年十月初版

(94340A)

黃河志第一篇 氣象 一冊

每冊實價國幣叁元
外埠酌加運費匯費

編纂者 胡煥庸

編輯者 黃河志編纂會

出版者 國立編譯館

發行人 王雲五 上海河南路

印刷所 商務印書館 上海河南路

發行所 商務印書館 上海及各埠

四四五六上

侯德封編

黃河志

第二篇 地質誌略

黃河志編纂會編輯

國立編譯館出版

黃河志編纂會

會長 戴傳賢

副會長 朱家驊 王應榆

幹事 辛樹幟 李貽燕

陳可忠

編纂 侯德封 胡煥庸

張含英 張其昀

壽振黃 鄭鶴聲

劉士林

目錄

序

中國文明導源於黃河流域，發榮滋長，更從而西通巴蜀，東及江淮，又從而北達遼江，南抵洋海。自人類肇始，已有文化遺跡房山舊跡著稱全球。嗣有舊石器之河套，釜鑿跡象等於西歐，新石器之仰韶，陶片色澤恰如西亞。迄於史契所載，稼嗇肇興，圖書推闡，莫不以黃河流域握其樞紐。周秦統一全國，漢唐征服西疆，更莫不以黃河流域爲其基礎。試更按地質之所蘊藏，更可見天賦實甚深厚。尤要者盡在煤炭之豐富冠於各國，如果藉以發生動力，足爲亞洲工業中心。黃土之廣原甲於全球，倘能努力種植粱麥棉花，足爲最佳農業區域。有此天然富源，實爲中華寶庫。而況陰山高峙，陷北亞之馬蹄，秦嶺綿橫，爲南向之屏障。央央禹域，形勝天成。光大發揚，正在今日。猶憶駕言出遊，輒富感觸。賀蘭山上，見黃流之盤曲如絃，太華峯頭，望平原之廣延如砥。山顛盡成坦地，見五台之平夷，坡落更爲參差，証唐縣之侵蝕。因汾河改革，深峽斯生，得板橋更新，險夷愈顯。形勢循環之跡，卽是地面變化之史。迄今雨蝕風吹，砂土日削，水沖河溢，災象頻仍，山林刊盡而土質無保護之資，水道遷移而人民多流離失所，益見地利未盡啓發，而人生反見陵夷。俯仰古今，較量得失，吾人責任，不待言傳。侯德封先生就歷年調查成績，製爲黃河流域地質全圖，更具簡志，說明概略，使閱者對於此區域之石質礦藏以及地史，皆可一覽而曉，雖限於篇章難窺全豹，而務得要領足資先驅。因就感想所及，略書數言以爲之序。

民國二十四年十一月翁文灝

黃河志第二篇地質誌略

第一章 緒言

黃河流域凡九省，計青海，甘肅，寧夏，綏遠，陝西，山西，河南，河北，山東等省是。其經流地帶在北緯三十四度及四十一度之間，西自東經一百度東至一百一十九度。本篇敍述範圍南起秦嶺伏牛（廣義的秦嶺山脈）北迄陰山山脈，包括甘陝晉冀全省及青寧綏豫皖蘇魯各省之一部。所附地質圖範圍較廣，計自東經九九度至一二〇度，北緯三二度至四〇度，惟黃河套一段（東經一〇六至一一三度間）凸出至四二度。全區地質圖共分爲六幅。地質圖重要根據爲北平地質調查所出版之地質圖幅（北京濟南幅，太原榆林幅及南京開封幅，）秦嶺四川地質圖，綏遠及察哈爾東部地質圖及甘肅寧夏地質圖等，其餘詳見文尾參考書目。

第二章　地形

黃河幹流自西北高源東流入海，全長四四七三仟米。　源出青海巴顏喀喇山東麓噶達素齊老峯之下，河床在海拔三千米以上。　東北流至青海甘肅之交，收兩岸山區諸水，如左有湟河大通莊浪，右有保安大夏洮河等均其著者。　至甘肅之皋蘭河床爲海拔一千五百米。　東北經中衛入寧夏，中衛以上河谷狹峭絕少平灘，中衛以下河谷漸寬緩爲寧夏寬谷。　寧夏省城附近河床海拔一千一百米。　北出磴口入綏遠爲河套，沿河地形平緩迂迴，東至包頭城南河床海拔爲一千米。　東至托縣南折行秦晉之間又入峽谷直南至吉縣宜川間河床降至海拔四百米，左右晉陝兩高原中之水紛來會注，山西之汾河陝西之渭河洛河爲其最著者。　黃河至潼關急折東流，過陝縣出砥柱山河床卽降至海拔二百米。　孟縣氾水以下，千里平原，河道東於隄中時患淤塞氾濫。

山脈　黃河流域地勢東段低平，自豫西鞏溫等縣以上大河兩岸，地勢高起，晉陝而上如歷崇階，西至青海羣峯峭起高亢皆山。　故言山脈者每由西而東，在黃河左岸者爲陰山山脈，大體由西而東與黃河近平行，爲蒙古高原與黃河流域之邊界。　以山脈成因言則爲地層褶皺山脈。　西至甘肅之酒泉張掖武威以南，青海以北，嶂嶂疊起，西北東南綿亘千里，是爲祁連山系。 酒泉張掖武威一帶，地勢平衍，海拔在一千二百至一千五百米，爲中原入新疆孔道。 亦卽弱水之上源，西北流入蒙古。 此平衍地帶可名之曰甘肅孔道，其南卽祁連山系，此山之最前部西北自嘉谷東南至景泰，爲祁連山，海拔至四千米以上，其南有青石嶺，拉脊山，日月山，青海南山等，山脈走向大致與祁連山平行，而長有不及，高度亦皆在三千米之上。 又甘肅孔道之北曰合黎山，與祁連山系平行，實其中之一部，高度亦三千米以上。 歐西書籍稱此山爲北山，蓋彼等名祁連山爲南山也。

祁連山系向東延至皋蘭以北景泰一帶，隨黃河北轉爲賀蘭山，寧夏省沿河五百里均見此嵯峨陡峭之山嶺，走向北北東南南西。 峯嶺連亘，並無橫穿山脈之川流，其山脊爲蒙古與黃河之絕對分水界。 寧夏海拔一千一百十五米，西北入宿嵬口至山脊約九十里，脊高二五四〇米，又約五十里至阿拉善王府之定遠營，海拔一五二〇米，蓋已在沙漠中矣。 又定遠營至平羅之汝箕溝嶺脊高二一五〇米，最高峯在汝箕溝及宿嵬口之間海拔約近三千米。

賀蘭山北行至磴口山勢漸殺，至綏遠之臨河境山勢又起，東折沿河套以北與蒙古沙漠爲界，是爲狼山，高峯逾二千米。 狼山東端以南安北間有色爾騰山，山峯海拔一千八百至二千二百米。 安北南與黃河之間有烏拉山，包頭薩縣歸綏以北爲大青山，北與蒙古高原相連接，南爲黃河平谷，蓋包頭海拔爲一〇一六米，薩縣一〇〇五米，歸綏一〇五一米，而大靑山嶺峯則在二千米之上也。故自黃河平原北望高原，自覺懸崖絕壁形勢險峻，但賴巨溝急澗破山而出，爲北通蒙古之孔道。以上所述綏遠各山均走向東西，東入察熱境，統稱陰山山脈。

陰山山脈自察南晉北向東延長至熱冀之交爲燕山，走向西東，高峯在一千米之上，灤河以東山勢漸殺以至山海關。爲熱河參差山地與河北平原之界。河北平原之西界爲太行山，走向南北，蔓延晉冀之間，至豫北西折接中條山，迄於河岸，高峯在一千五百米之上。在晉西沿黃河南行者曰呂梁山。晉北之恒山五台山均高峻有名。

黃河右岸諸山分佈於靑隴陝豫數省，統稱秦嶺山脈。西起崑崙，在靑海之南曰西傾山，曰岷山，在甘肅之南有崆峒，大散，嶓冢，高度皆三千米之上，爲黃河上游與嘉陵江之分水界。大散山向東延伸入陝西南部曰鳳山，再東曰太白山，高四千米以上，復東曰終南山以至華山，高各二千餘米，爲漢水與渭河之分界。東入河南北支爲崤山，中有熊耳，東突爲嵩山，東南支爲方山伏牛，高峰皆海拔一千五百米之上。其繼續東南延至皖鄂間者爲桐柏，大別，已出本篇範圍之外。

此外黃河右岸尙有山東境內諸山，突起於平原之東，與他山脈不相連屬，多由於地殼斷落而成，

形勢孤峭。重要山峰在泰安蒙陰臨朐之間，如泰山，蒙山，魯山，沂山等是。

茲將黃河流域各重要山脈及高度次列於左：

黃河左岸

陰山山脈

		山峰海拔米
隴西及青海	合黎山	三、五〇〇
	祁連山系　祁連山	四、八一〇
	祁連山系　青石嶺	四、六〇〇
	祁連山系　日月山	三、六〇〇
	祁連山系　拉脊山	三、五〇〇
	青海南山	五、〇〇〇
寧夏	賀蘭山	二、八〇〇至三、〇〇〇
綏遠	狼山	一、五〇〇至一、九〇〇
	色爾騰山	一、九二〇
	烏拉山	一、八八〇
	大青山	二、〇〇〇
山西河北	太行山	一、四〇〇至二、〇〇〇
	呂梁山（苛嵐山）	二、五〇〇
	恆山	二、一一〇
	五台山	三、〇四〇
	燕山	二、〇五〇

黃河

秦嶺

		山峰海拔米		山峰海拔米
青海	岷山	四、八〇〇	西傾山	五、三〇〇
甘肅	崆峒山	三、〇〇〇	大散山	三、二〇〇
陝西	鳳山	二、五〇〇	太白山	四、〇〇〇
河南	崤山	一、六〇〇	熊耳山	一、五〇〇
山東	泰山	一、五四五	魯山	一、〇八〇

右岸山脈									
		嶓冢山	三、〇〇〇	終南山	二、六〇〇	嵩　山	一、五〇〇	蒙　山	一、一五〇
		六盤山	三、〇五〇	華　山	二、二〇〇	方　山	一、三〇〇	沂　山	九九〇
						伏牛山	一、五〇〇至二、四〇〇		

地形綜論　黃河流域西起青海東至海濱，東西之平面長度約二千仟米，上下高度之差最大可至五千米之外。　北鄰蒙古高原，以陰山山脈劃界，南依秦嶺以與長江淮水流域分野。　其間地面遼闊，各區地形之嬗變，繁複錯綜，固非僅言山脈河流所可得其概念。　爰就各區地形有重要差別者，由東而西分爲八區，記述如下：

一、冀豫平原　地學書籍中常名之曰華北平原或黃河沖積平原。　其界線大致北界燕山，西止太行，南達豫東魯西與淮河平原相接。　此平原之高度在海拔一百米之內，而全面積十之九均在五十米之下，如自北緯四十度以南，河北平漢鐵路以東及豫西魯東黃河舊道沿岸均爲海拔五十米以下之平原。　蓋黃河自出潼關砥柱，河谷漸開。　開封以下，兩岸席地千里，北迄燕山，南至淮陽，西起太行伏牛之麓，東達海濱，中間地帶皆爲最新沖積物所覆，絕少丘陵，惟在山東一隅運河以東石峯突立，當另成一區。　黃河幹流經行於平原中，遷滾淤塞，河床升高，緊束隄中，不復有支流。　平原中之水在黃河以北者有河北水系。如北運河，永定河，大清河，子牙河，南運河等，源出察晉高原，經流河北平原中，匯於天津為海河入渤海。灤河則源出熱河高原，其餘燕山之陽太行以東諸水皆經平原匯注渤海。黃河以南平原中之水，皆為淮河上游，其北支如潁，茨，淝，渦，澮，濉等河均源出豫東北部，向皖北入淮。由此可知現在之黃河道，不但不能匯集華北平原中之水，而反為河北水系與淮河水系間之分水嶺，是則河床淤高，潰決氾濫，水患時興，其象甚明。

二、山東丘陵地　山東地勢隆起於華北平原之東，其隆起區域大致為黃河新舊道之間，西起運河，東括山東半島，其中山峯雖出高者在一千五百米以上，多由於地層斷落而成。峯巖雖甚陡峭，而山峯之間常界以平原寬谷，此類寬谷實佔面積之大半，其高度大致在海拔二百米以下。故山東為丘陵地，與千里弭平之冀豫平原地形固顯不相混，而與地高山稠之山地高原亦迥不相同也。山東隆起地帶以泰山蒙陰臨朐間為中心，以北之水入渤海，以南之水入黃海，以西之水入南陽，獨山，微山諸湖入運河。

三、山西臺地　山西省西南兩界起自太行山，地勢突升，西至黃河，北連綏察一部，全區高度在海拔四百米以上。與在海拔一百米以下之華北平原較，實一界線清晰之臺地也。以地質構造論則本區為一盆地（詳構造章）汾河貫穿南北，北自靜樂陽曲南迄河津，蔓延三百餘仟米，為臺地中最大寬谷，谷底高度爲海拔七百至四百米左右。北路忻崞兩縣間平谷則爲滹沱河上源，高度在七百至一千米間，範圍亦較小。總之臺地中間爲南北延長之寬谷，東界爲太行山接中條山爲南界，嶺峯高皆一千五百至二千米間。汾河以西與黃河間起爲呂梁山，南北延長，高二千餘米。中部有霍山孤立於中，高亦二千米以上。晉北之五台山古巖高聳，高三千米有奇，爲臺地中最高山峯。蓋山西之寬谷平原皆在海拔四百米以上，四周繞以山嶺，霍山孤立於中，五台高峙於東北，此山西地形之大略也。

四、秦嶺山脈　本篇所謂秦嶺山脈乃廣義的。蓋狹義的秦嶺山只限於陝西南部渭河與漢水分界之一段。此篇所述之秦嶺山脈西自青海南部之西傾岷山，東延入甘肅境，蜿蜒於洮河渭河之南，再東入陝南，盤據渭河以南漢水以北之全體地盤。復東延爲熊耳伏牛等山脈。總折而東南入豫鄂界上爲大別山脈。故廣義的秦嶺山脈即揚子江與黃河之總分水嶺也。東西延長一千仟米以上，南北寬常一百餘仟米。

秦嶺山脈中峯巒重疊，每分段設名，或因峯取義。其較著者，如甘肅渭河以南武山縣之南曰崆峒山，天水以南曰大散，其南部分脈在西和附近曰嶓冢山。走向東西，山峯在三千米之上。東入陝西在鳳縣附近曰鳳嶺，有三脈，北曰南岐，山坡陡峭，爲棧道險途。中曰鳳嶺，高處名南天門，南岐亦名鳳嶺。其南不百里有紫柏山。皆東西走向，爲石灰巖所成，高各二千餘米。東至郿縣之南佛坪之北爲太白山，山峯疊出不窮，達四千米，常有積雪，高爲秦嶺諸山冠。佛坪以南復起爲興隆嶺而高度遠遜。長安之南曰終南山，爲歷史上名山。西自盩厔東至雒南商縣爲秦嶺主幹，走向東西。在華陰之南曰華山，爲五嶽之一，峯高二千二百米，爲花崗巖所成。與渭河平原界以大斷層，故壁立千尋，氣象奇偉。東接崤函，西止藍商，實秦嶺之北支也。東入河南盤踞省之西部，方向大致仍東西。北支爲崤山，中爲熊耳，南支爲伏牛。大略自密縣臨汝魯山方城等縣以西，地面常高出海面四百米，山嶺高度在一二千米之間，已不若西段之嵯峨。東南至桐柏山，勢愈殺。

五、陝甘參差高原　陝甘高原之範圍大致東自黃河東岸，南起秦嶺北麓，北鄰鄂爾多斯，西至甘肅之靖遠皋蘭隴西縣一帶，凡包括陝北隴東隴中等部。在此區域內之地形爲一平頂高原，其高度在陝北部份爲海拔一千米左右，在甘肅部份可達一千五百米以上。盡爲新生代地層所覆。故名之爲高原。惟此高原現被河水侵削，常成錯雜縱橫之狹溝立谷，致成參差地形。河谷之高度在陝北約在海拔一千米以下至四百米之間（隴東河谷普通在一千五百米之下），其中惟一平谷如渭河，寬在六七十仟米以上，在此區實爲例外。其次如洛河延水無定河窟野河等均自鄂爾多斯邊境東南注入黃河，皆深溝壁削，無復寬谷。同時高原之中亦每有突起地帶，較古巖層（即中生代以前地層）露出爲山嶺。其高度常在一千五百至二千餘米。惟六盤山突出於秦隴之間，高達三千米有奇。縱隔南北，將陜甘高原分爲秦隴兩部，故言地形者或分稱陜北盆地及甘肅盆地，蓋此兩部高原四面均繞有山嶺，六盤峙於中，其形勢又各如盆地也。惟陜北隴東地形完全相同，合併言之似無不宜。

六、綏寧高原　此區包括綏遠西南部狼山及大青山以南，黃河套及鄂爾多斯，寧夏賀蘭山以東。區內地形大致平坦，普遍的高度在海拔一千米至一千三百米間。惟磴口及石嘴子間黃河東岸孤嶺突起，爲古生代地層組成，高達二千米。此外綏遠河套及寧夏東部爲黃河沖積平原，地極平坦。鄂爾多斯爲沙漠區，地形寬緩，形如盆地，其中心小湖菌集，因水份蒸發，致富含鹽鹼。

七、青海山地　自祁連山系以南，西傾山及岷山之西，山勢聳起，古石嶙峋。谷底在海拔二千米以上，如積石山及巴顏喀喇山，山巔逾五千米，雪峯比櫛，重嶺層疊，完全屬山地。黃河始源即出於此區。

東部之青海雖爲水湖，其水面高度尚爲海拔四千五十米。

八、蒙古高原　爲黃河流域之北鄰，而非黃河流域。其大致界線西自祁連山合黎山之北，賀蘭以西，綏遠之陰山山脈（狼山大青山）以北，東至察綏長城。爲海拔一千五米上下之高原，多沙漠，河流內向，每聚爲湖泊，不與大海通。

第三章　地層系統

本篇所述地層區域大致南以秦嶺淮陽山脈爲界，北止於陰山山脈東沿燕山以至於海。　此所謂中國北區或北系地層。　下自太古界片麻巖繼以元古界水成巖之變質巖，其上古生界中生界以至新生界各期地層，均有露佈。　各界地層又分爲若干紀，同紀地層卽同一地質時代之地層，其巖石或因地而稍有差異，地質學者常以其標準發育地之地名名之，例如「太原系」「門頭溝系」……等是。　華北地層自古而新卽自下而上，就茲篇所述者凡三十餘系，但在其一區域內此三十餘系地層未必盡全，或由於一部地層被掩復，或一部地層竟付厥如。　故各系地層間多非繼續沉積，而常爲不整一或不整合之接觸。　蓋按地層時代中缺地層或有顯著之侵蝕面，而其上下地層之層面仍互相平行吻合者茲名之曰「假整合」，否則其上下地層失卻平行狀態或其間隔以顯著不相合之痕跡者茲名之曰「不整合」。　爰將本區地層次序自下而上表列如左：

太古界　泰山系

（不整合）

桑乾系

？（無接觸）

秦嶺系

（不整合）

元古界　五台系

（不整合）

古生界　震旦紀　滹沱系，南口系，柞水系 厚三千米以上

（不整合）

寒武紀　下部——饅頭山系 厚三〇——三〇〇米

中部——張夏石灰巖系及崮山頁巖系，長山頁巖系 厚一二〇——二〇〇米

上部——炒米店系，鳳山系 厚一二〇——二〇〇米

（假整合）

奧陶紀　濟南石灰巖系 厚一千米以上

下部——冶里石灰巖 厚四〇〇米

上部——馬家溝石灰巖 厚三〇〇米

（假整合）

志留紀 石甕子系 厚七〇〇米

（假整合）

泥盆紀 古道嶺系……厚五〇〇米以上

南山系之一部 厚二〇〇米以上

（假整合）

石炭紀 中石炭紀——本溪系 厚一〇——六〇米

上石炭紀——太原系 臭牛溝系 厚八〇——二〇〇米

略陽石灰巖系 厚一千至一千五百米

（假整合）

石炭二疊紀 山西系，大拉牌系，鎮安系……厚五〇——五〇〇米以上

（連續）

二疊三疊紀 下部（二疊紀）石盒子系 厚七〇——五〇〇米以上

中生界

上部（三疊紀）石千峯系厚七〇〇米以上

延長系 厚一千米以上

（假整合）

侏羅紀

下部——門頭溝系，瓦窰堡系 厚六〇——八〇〇米

上部——九龍山系 厚八〇〇米以上

安定層 厚八〇米

（假整合）

白堊紀

訾髻山系，蒙陰系 厚一千餘米

保安系，六盤山系 厚二千米以上

（不整合）

新生界 第三紀 始新統——砂礫層

（不整合）

漸新統——玄武巖流

（不整合）

上新統——三趾馬層紅土
三門系礫石層
（不整合）
第四紀　洪積統——黃土層
（不整合）
現　代——冲積層

所附地質圖範圍略廣，但所能表現之地層僅能以「紀」爲單位，例如寒武紀，奥陶紀……等等各以顏色表明其分佈。至每紀中又分若干系，則因界繁圖小，無暇縷析，故從略。然各紀各系之巖性及分佈，復簡述如下。

（一）太古界　泰山系及桑乾系

巖石　以片麻巖及片麻花剛巖爲主，間結晶片巖，夾有偉晶花剛巖及其他侵入巖脈甚多。偉晶花剛巖脈及石英脈內時含金屬鑛。桑乾系惟片巖較多，時夾大理石，片理清楚，因見於桑乾河谷故名，其時期略晚於泰山系。

分佈　泰山系巖石爲泰山之造成地層故名。山東分佈最廣，自泰山東向大屋山魯山嵩山沂山，南向徂徠山新甫山蒙山等皆屬此系。濰河對岸又成平度掖縣間之黃山。蘇北贛榆東海懷遠及魯南各縣境本系率時呈露。

河北熱河間如盧龍撫寧臨榆興隆等縣片麻巖常組成燕山之主幹。平山阜平以至山西之繁峙雁門關一帶贊皇臨城內邱以西山嶺，山西雲中呂梁中條等之主脊，皆泰山系片麻巖組成。

桑乾系在綏遠太古界分佈極廣，如晉綏交界迄樺山，奎騰梁，大青山，烏拉山，色爾騰山，狼山等區本系巖層均佔主要部份。甘肅皋蘭青海祁連山系南坡均有分佈。

附秦嶺系

巖石　大都爲花剛片麻巖，雲母綠泥片巖及少數大理石與石英巖。片麻巖與片巖互相交錯成互層。片麻巖似泰山系，片巖肖五台系，兩者難劃分，故另名秦嶺系。

分佈　大致分佈於秦嶺之北坡，陝南隴南東沿伏牛山脈以至豫西，均有分佈。

（二）元古界　五台系

巖石　本系地層以山西五台山地層爲標準故名。與太古界片麻巖成不整合接觸。巖性大致爲結晶片巖及片麻巖，間有大理石，石英巖等。片巖以雲母片巖，角閃片巖，綠泥片巖等爲最著，晶細層顯。大理石多潔白，往往含鎂質頗多，石綿滑石常生其中。侵入巖甚多。

分佈　在山西發育於五台靈邱及岢嵐嵐縣間，河北省太行山曲陽行唐靈壽平山段及元氏贊皇臨城內邱邢台段以西皆有此部巖層呈露。河南伏牛山及安徽淮陽山脈中均有此種變質地層，但是否與秦嶺系相似未能遽斷。綏遠歸綏固陽城北及大青山之巴免溝蜈公壩等處，有其分佈。

（三）古生界

震旦紀

巖石　此層位五台系之上，成不整合接觸。在華北最發育，厚每在千米以上，造成高山，如南口是，故亦稱南口系。巖石可大致分爲兩部，下部爲白色或紅色石英砂巖夾有板巖頁巖及礫巖，常有雨痕，波紋，龜裂痕等。上部以矽質石灰巖爲主偶夾黑色板巖頁巖等。石灰巖中含藻類化石 Collenia 石英巖之頂部有時夾鲕狀鐵鑛層。

分佈　在河北省北界燕山一帶，東自盧龍遷安灤縣西至冀察晉之交分佈甚廣，南沿太行經淶源易縣徠水滿城以至唐縣曲陽均有露佈。惟石灰巖之厚度愈南愈減。再南平山井陘以南以至磁縣時隱時現，以石英巖爲主。山東博山臨朐沂水蒙陰濰縣亦有分佈，厚僅數十米。

陝南秦嶺區柞水附近之石英巖粘板巖厚三千米以上，名曰柞水系，位於志留紀及秦嶺系之間，因將其下部暫屬於震旦紀。其分佈位於秦嶺系之南，東西延長甚遠。

寒武紀

巖石　寒武紀巖層與其下巖層爲不整合，巖性大致可分三部：下部寒武紀爲紅色綠色頁巖夾薄層砂巖及石灰巖，是爲饅頭頁巖系，厚度由三十至一百五十米，最厚有達三百餘米者。其中化石以三葉蟲萊德里曲蠱 Redlichia 腕足類似圓貨貝 Obolella 腹足類變頂帽螺 Helcionella 等爲著。中部寒武紀爲張夏石灰巖系及崮山頁巖系。張夏系爲鲕狀石灰巖，上部夾灰質頁巖，共厚一二〇——一五〇米，其底部化石多三葉蟲褶線蠱 Ptychoparia 似變頭蠱 Inouyia 及依奴蠱 Anomocarella 稍高有筒脊蠱 Dolichometopus 復上多戟尾蠱 Dorypyge 頂部以勃蘭克維特蠱 Blackwelderia 等最著。張夏系之上爲崮山頁巖，多綠色時夾薄層鲕狀石灰巖，厚一五——四五米。化石以三葉蟲鐮尾蠱 Drepanura （大汶口之燕子石）莫知蠱 Agnostus 勃蘭克維特蠱 Blackwelderia 等爲多。河北開平灤縣區之長山頁巖與此相當。寒武紀上部在山東爲藍色石灰巖，即炒米店系，但河北山西多頁巖與鲕狀灰巖間互層，厚一二〇——一八五米。重要化石爲三葉蟲褶楯蠱 Ptycaspis 似昧蠱 Illaenurus 等。冀東開平唐山煤田之鳳山系爲上寒武紀灰巖與頁巖及其下之崮山頁巖（即長山系）。

分佈　在本區東部各省呈露甚多，其重要者如魯西爲本部地層系統取名之地，如張夏崮山炒米店饅頭山均在長清縣界津浦路沿線。發育實亦完全。河北東北隅，冀晉太行中條山脈，汾河谷兩側，晉北以及皖北豫西均有時露佈。陝綏以西本紀地層從不多睹。陝南漢中附近之梁山有石灰巖約與宜昌石灰巖相當，爲寒武紀南系地層。

奧陶紀

巖石　本系全爲石灰巖層，在濟南甚發育，最厚達八百五十米，故又稱濟南系。葛利普教授在河北灤縣開平附近將此系分爲上下二部：下部名冶里石灰巖，化石多蘇內角石 Suecoceras 厚四百米，上部名馬家溝石灰巖，化石以珠角石 Actinoceras 爲最富，厚三百米。本系與其下之寒武紀地層平行，成假整合，故兩系露頭常相依並存。

分佈　凡前節所述寒武紀露頭處，常有奧陶紀地層，故其分佈相同。除東部各省外，甘肅平涼六盤山曾發現含筆化石奧陶紀地層。陝南漢中附近之梁山有直角石灰巖，屬南系奧陶紀地層。

志留紀

巖石及分佈　本系見於秦嶺以南，主要巖層爲石英巖砂頁巖等。陝西南部柞水系之上及甘肅徽縣南馬皇壩，有厚七百米富含珊瑚化石之志留紀地層。全部爲石灰巖，名石甕子層。此爲秦嶺中部，漢水以南則盡爲頁巖矣。

泥盆紀

巖石及分佈　本系亦爲南中特有地層。陝南秦嶺區鎭安北古道嶺有石灰巖厚五百米，下與石囊子層接觸處有底層礫巖。隴南徽縣至略陽間之大河店亦有同樣地層，覓得泥盆紀化石。此灰巖之上石炭紀地層之下在秦嶺本部有綠或灰黃色頁巖粘板巖一層厚數千米，當屬於泥盆石炭紀。

甘肅北部及祁連山系中南山系爲厚層變質巖，以綠色片巖及石英巖爲主，上部有變質石灰巖層厚一百五十米，總厚二千米以上。石灰巖中含珊瑚化石剌板珊 Pachypora 及蜂窩板珊 Favosites 等泥盆紀化石，是此部巖層至少其一部份屬泥盆紀，其下部無化石，時期未定。地質圖中有D符號者卽其分佈之所在。此部地層下與片麻巖成不整合，上與石炭紀地層成假整合接觸。

石炭紀及二疊石炭紀

巖石　中國北部石炭紀約可分爲兩部：卽本溪系（中石炭紀）及太原系（上石炭紀）。巖層均爲頁巖，砂巖粘土，煤層，夾薄層石灰巖。據趙亞曾氏之畫分則本溪系以莫斯科石燕 Spirifer Mosquensis 爲重要化石，而太原系則以太原石燕 Spirifer Taiyuanfuensis 爲著。巖性則各處常有變動。又陝西南部鎭安及略陽附近，均有石灰巖層厚一千至二千五百米，含石炭紀化石。其上爲鎮安系含煤地層，夾薄層石灰巖厚可三千米，約屬二疊石炭紀。 二疊石炭紀巖層以砂巖頁巖等陸相地層爲主，亦含煤層，又名山西系，有時夾石灰巖含海象化石。 厚五十以至一百五十米。 重要植物化石如苛得拊 Cordaites 輪木 Annularia 等。動物海象化石在山西有完全貝 Enteletes ，戟貝 Chonetes 長身貝 Productus 等，在甘肅寧夏有瑚菊石 Gastrioceras 及師瓦格虫 Schwagerina 等。

分佈 本溪系分佈南至蘇北（賈汪）山東，河北東北隅（開平唐山）北達遼東，而北較厚（六十米。） 太原系以山西之太原得名，凡華北古生代煤田均爲其分佈地，常與山西系並存，如北寧路關內段，膠濟，津浦北段各路沿綫煤田，太行山東麓，山西之大部，陝西中部，甘肅西部及北部，寧夏綏遠，河南西北部等均有其分佈。 厚度達二百米。 秦嶺山脈中石炭紀灰巖厚約一千至一千五百米，產石炭紀化石，分佈於陝南略陽鎮安一帶。 整合於此石灰巖之上者爲頁巖夾薄層石灰巖，總厚不下三千米，夾劣質煤層，是爲鎮安系。

二疊紀及二疊三疊紀

巖石 北系地層中整合於二疊石炭紀煤系之上者，爲陸相之石英砂巖，質粗硬，可作磨具，色淡黃或淡紅，普通厚七十至三百餘米。 在山西中部此部地層名石盒子系，含大羽植物，厚達四百五十米。此層之上爲紅色砂巖層質鬆細，夾粘土層，厚有達六、七百米者，在山西名石千峯系。前者屬二疊紀，後者化石甚少，姑定爲二疊三疊紀。兩部共厚時達二千米以上。陝北延長系爲灰色或灰綠色砂巖與少許頁巖之互層，砂巖常成斜層狀。石油即產於此系。其中化石屬上三疊紀。中國南部地層二疊石炭紀爲石灰巖，位於石炭紀石英巖之上，爲假整合接觸。二疊紀煤系位於石灰巖之上，含大羽植物，爲砂頁巖夾煤層。其上繼以三疊紀薄層石灰巖。此秦嶺南北地層之差別也。

分佈　本系巖層常與古生代煤系相追隨，煤系之下爲奧陶紀灰巖所成山嶺，煤系之上則常爲二疊三疊紀砂巖所成低嶺。東自海濱西至甘寧黄河沿岸各省均有分佈。石千峯系在晉陝之交分佈最著。北自府谷保德，南經興臨吳堡石樓，以至永和大寧吉縣等。南北成帶，其西與延長系成整合接觸。陝西之延長系以產油著稱，含植物化石，屬三疊紀，厚一千米。東自黄河岸吳堡西二十里西迄綏德西七十里，橫亘二百餘里，南北成帶，分佈於綏德米脂清澗延川延長等縣。

（四）中生界　三疊紀見前節

侏羅紀

巖石　侏羅紀地層常爲砂頁巖，下部夾煤層，厚自數十米以至六，七百米。在含煤部地層之上有時繼以紅綠色砂礫巖，厚處達八百米，以北平西山一帶最爲發達。陝西侏羅紀含煤地層之上，爲安定系紅色砂頁巖，厚八十米，含魚類化石。

分佈　山東濰縣，河北北平西山，察南晉北宣化大同一帶，綏遠大青山均有分佈，陝西面積尤廣，北在榆林神木横山一帶連續分佈，向南延展，凡佔露於安定，膚施，安塞，甘泉，鄜等縣界。寧夏甘肅亦常有片段之存在。

白堊紀

巖石　此期地層巖性變遷甚多，在山東者厚在一千米以上。巖石大致下部多凝灰礫巖角礫巖火山巖流及頁巖。時夾頁巖砂巖及煤層。更有綠棕及黃色硬砂巖含魚層。在北平西山本層以礫巖頁巖火山巖爲主，下部時夾煤層。本期上部地層常爲紅色砂礫巖及粘土。此爲魯冀本紀地層情形。在晉陝以西巖層以斜層紅色砂巖爲主，而無火山巖，在陝西隴東分佈甚廣，即保安系或六盤山系，厚在二千米以上。

分佈　山東蒙陰，萊蕪，萊陽，膠縣，諸城一帶，河北北平西山等處最著，陝西西北部及甘肅東部本期砂巖層分佈甚廣。

（五）新生界

第三紀及第四紀

巖石　第三紀最下部地層，爲始新統砂礫層，次爲漸新統玄武巖層，再上爲上新統三趾馬層紅土層，其上更有紅色土層與三門系相當再上卽爲洪積統黃土層。各層均爲不整合關係。黃土層在黃河流域分布最廣，且堆積之厚亦爲世界所少見。甘陝晉豫四省尤爲常見。所在之地多成高原，因雨水侵蝕，輒成深溝，兩壁陡起，一路蛇行，別成一種風景。又因質鬆易蝕，故使黃河含砂特多。更新卽現代冲積層，則多散布於平原及河谷。

分佈　黃河流域第三紀紅色地層分佈甚廣，如山東山西陝甘均有顯著發育。第四紀黃土層尤爲本區特著地層，西北各省分佈最多，可參閱地質圖。

（六）火成巖

花剛巖　花剛巖約可分爲兩種，一爲古花剛巖，只見於太古界地層中，巖石成分以長石石英角閃石黑雲母爲主。一爲新花剛巖分佈較廣（地質圖）常侵入古生代及中生代地層中。成分以正長石鈣鈉長石爲主，石英較少含角閃石及黑雲母。

正長巖　在本區不甚發育，如鹼性正長巖正長斑巖等，偶見於晉豫等省，成分以正長石斜長石晶體較著，有角閃石黑雲母磷灰石等。

閃長巖　閃長巖分佈比較重要，常侵入古生界及中生界地層中，其接觸處往往成重要鐵礦，如山東金嶺鎮河南武安是。巖石成分以斜長石爲主角閃石次之，石英較少。

輝長巖　在山東較發育，每侵入中生代地層中，巖石成分斜長石與輝石並重，晶形齊整，角閃石紫蘇輝石均有存在。

安山巖　自泰山系至中生界地層均時被其侵入，一部更爲噴出類流巖，巖石成分斑晶以斜長石及輝石或角閃石爲主。

斑巖　斑巖分佈零星，巖性亦雜。本篇所謂斑巖以酸性巖而具斑狀構造者爲限。多屬侵入巖，間爲噴出巖。

輝綠巖　呈巖牆或層狀，侵入古生代及中生代地層中。巖石完全結晶或呈斑狀，成分以斜長石爲主，結晶完好，輝石及角閃石結晶不全，黑雲母及磁鐵礦亦偶有之。

玄武巖　玄武巖流成平層狀，多見於蒙古高原之邊境。常不整合覆於中生代末期及第三紀初期以前之巖層上。其噴溢時期屬漸新統。巖石質硬脆，斑晶多橄欖石，基爲斜長石及輝石所組成，一部呈針狀結晶，一部爲玻璃質。

第四章　地質構造

全區面積遼闊，錯斷褶皺在所多有，茲難一一縷述，謹按大體情形分述如左。

一、山東穹窿層及斷層區　山東一域，大體爲一穹窿構造（剖面圖一）其頂巔約在泰山蒙山一帶，爲太古界地層，其北幅西自東阿平陰東迄益都臨朐，古生界地層成弧狀分佈，中部爲太古界地層，其南幅如滕嶧費各縣古生界地層亦概略可見。惟本區上下錯斷至爲繁劇，故斷層爲此區重要構造，影響於地形亦至切。斷層多屬於正斷層類，其重要者如左：

泰山斷層　泰山南麓爲大斷層，西北東南延長五六十里，泰山爲仰側，伏側爲寒武紀，斷距約近二千米。

泰安肥城交界斷層　與泰山斷層接近平行。

萊蕪斷層　重要斷層凡七，各位於大屋山北麓，煤田北緣，東緣中部，張家莊煤田，萊蕪煤田西端，及萊蕪西部。

章邱煤田斷層　在章邱南部，成南北方向，爲平移斷層。

淄博煤田斷層　一爲煤田西邊斷層，劃分淄博煤田及章邱淄川煤田，成南北方向。二爲西河煤田斷層，劃分淄博煤田本部及西河煤田，方向東北西南。三爲黑山斷層在黑山煤田東緣。四爲淄博煤田北邊斷層方向呈東南西北。

博山南部斷層　一在黃家莊煤田北緣，一在縣南境之下莊，皆東西方向。

沂水蒙陰北部斷層　斷層有三，各在沂河北岸西北至魯山東南麓，九頂連環山及東里店。

臨朐南部斷層　一北自五井煤田向西南延長，二南自魯山東北入臨朐境，三嵩山斷層與前者平行。

安邱臨朐斷層　在兩縣交界成南北方向。

濰縣昌樂斷層　一坊子煤田南緣，爲東西方向。二荆山窪煤田槽形斷層，中間陷落，兩斷層相交後繼續向東南延長。

魯南各斷層　如新泰蒙陰境新甫山南麓，新泰西境，甯陽磁窰及泰安洸禹村，新泰蒙陰沂水臨沂諸境沿汶及沂河支流，蒙山南麓，龍門山及鳳凰山南麓，費縣泗水曲阜臨沂境沿梭河坊河泗水一帶，嶧縣煤田北緣等等，餘不暇備舉。

二、河北盆地　太行山界於西，巖層向東傾斜。燕山界於北，巖層向南傾斜，山東突起於東，現輻輳之勢。由邊緣而中央地層時代逐漸而新，雖中部平原地層被掩沒，然環察四周情形，實一盆地構造也。

三、燕山外斜構造　河北省北界為大外斜層構造，東西延長，與熱察分界。其南翼傾斜大致向南，位於太古界片麻巖之上者多震旦紀巖層，因斷層及褶皺而露出古生代地層之處亦在所常有，如遵化、臨榆及開平盆地等，為其著者。

四、太行山外斜層　太行山為山西與河北河南兩省之界山，實一外斜構造。（剖面圖二）北自阜平盂縣軸脊向南，沿晉冀豫之交至陵川獲嘉間轉向西南以至黃河岸。其西翼在晉境，東翼在冀豫境，中軸帶露出較古地層，東西兩翼地層漸新。太行山以西更屬之山西盆地，另節敘述。太行東翼為河北盆地之邊境，沿山褶皺斷層在所多有，而重要構造仍大致與太行外斜層平行，惟形勢較微。

五、北平西山　北平西山區南接太行，東連燕山，構造複雜。露出地層自太古界以至新生界至為完全。大致為一盆地構造，惟其中復經褶斷成複雜形狀。重要褶皺如：一、花木嶺外斜層在房山北境宛平西境，地層向四週傾斜，成穹窿狀。二、廟安嶺內斜層，南翼即花木嶺外斜層之一部，軸向西南東北，正與廟安嶺清水尖兩山脊相合。三、北嶺內斜層，其北翼與花木嶺外斜層相連，略成西南東北方向。四、九龍山內斜層，山脊與層軸相合，此內斜層西與廟安嶺內斜層以王平村外斜層互相連絡。據最近調查有重要逆掩斷層：一、鳳凰嶺南大寨斷層，自房山縣北數里至長莘店西十數里。二、水峪斷層自紅煤廠西北至金鷄臺。三、曹家舖及妙峯山等處均有重要斷層。

六、山西盆地　山西省域以地形論雖爲台地，而地質構造實一盆地，惟內部復具褶斷繁複之構造。簡言之盆地四周爲下部古生代地層組成太行呂梁諸山嶺，夾峙東西，中央爲古生界中生界及新生界地層，惟霍山隆起於中，成局部穹窿構造。武台山突立東北隅，露出古地層，此其大凡也。其中較小褶皺及斷層尚多，但皆盆地中之局部構造，茲不備舉。（參閱剖面圖二）

七、陝甘盆地　盆地東邊起於山西西部黃河東岸，由東而西自太古界以至二疊三疊紀均傾向西，由晉入陝繼以三疊紀侏羅紀以至陝甘間之白堊紀地層，（剖面圖二）其西邊則於隴北之豫旺海原露出石炭紀地層，殆爲該盆地止境。其南界則有二疊三疊石炭等紀地層，東由山西之鄉寧河津渡河至陝西之韓城白水同官一帶。故此盆地實包括陝西渭河以北之部隴東及鄂爾多斯大部。

八、蒙古邊界之褶斷區　大致可分三段：一、祁連山段山走西北東南，與巖層走向相合。巖層傾向北，其中急劇之褶疊及斷層皆甚發育。二、賀蘭山段在寧夏黃河西岸爲賀蘭山，其在黃河東岸者曰牛首山，曰銀山，阿拉不素山等，走向皆南北，均爲二疊三疊石炭紀巖層組成，所受褶皺甚烈，賀蘭山逆掩斷層尤其著者，所受壓力方向似由西而東。三、綏遠段西曰狼山，烏拉山，接大青山以至奎騰梁似由南向北。

山，走向大致東西，地層曾受褶皺而錯斷尤烈，逆掩斷層在大青山（剖面圖三）狼山均有存在，壓力

九、秦嶺大外斜層　廣義的秦嶺西起隴南經陝南豫西豫南以至皖中。黃河流域地層與華南不同實以此爲界，故秦嶺一脈在各地質時紀中已著特殊情形。據隴南陝南秦嶺均爲複外斜構造，（剖面圖四）向東可延至河南西部南部。黃汲清君以其成於主要造山作用（中生代末紀之燕山期造山運動）之前，名之曰秦嶺大外斜。重要斷層在秦嶺區多重力斷層如一、藍田鄠縣斷層成東西方向爲渭河平原與秦嶺山之分界。二、華陰臨潼斷層，西自臨潼東至潼關，方向東西，爲渭河谷與秦嶺畫界，華山之壁立千尺，卽由此斷層而生。三、臨潼商縣斷層，由商縣延至臨潼與華陰臨潼斷層交。四、鳳縣徽縣及略陽城南均有東西向斷層。

第五章　經濟地質

第一節　煤礦

儲量　黃河流域煤藏豐富，計有煙煤一六八・五八〇（以百萬噸爲單位）無煙煤四二・九三七，褐炭二・六九五，總計二一四・二一二，約佔全國煤藏總儲量百分之八七强，全國煤藏總儲量亦僅爲二四三・六六九，其間山西一省已佔全國總儲量百分之五二・一五，陝西亦佔百分之二九・五八，除調查未詳之新疆青海西藏蒙古外，確首屈一指，故黃河流域煤藏之關係國計民生，至重且大，茲將各省煤藏儲量暨其佔總儲量之百分率列表・明之：

省別	儲量（單位）（百萬噸）	百分率 %
黑龍江	1.017	.42
吉林	1.143	.77
遼寧	1.836	.75
熱河	.614	.25
察哈爾	.504	.21
綏遠	.476	.19
山西	127.127	52.15
河北	3.071	1.25
山東	1.639	.68
陝西	71.950	29.58
河南	7.764	3.19
湖北	.440	.18
安徽	.360	.15
江西	.992	.41
浙江	.100	.04
江蘇	.217	.09
湖南	1.764	.72
四川	9.874	4.05
雲南	1.627	.67
貴州	1.549	.63
廣東	.421	.17
廣西	.300	.12
福建	.369	.16
甘肅	1.500	.61
寧夏	.488	.20
新疆	6.000	2.46
青海	.500	.20
	243.669	100.00%

＊各表參考第四、五次鑛業紀要

黄河流域不僅爲中國之煤藏集中區域，其蘊藏之富與世界各國較，亦得能列第三位，除美國及加拿大各有一百萬單位（以一百萬噸爲單位）以上，列首次二位外，西比利亞煤藏因上西比利亞煤礦之損失（一六三·三六五中約十分之八已改屬波蘭）亦次於黄河流域，茲將黄河流域之煤儲量與世界各國比較列表如左：

世界重要產煤國儲量表

國別	儲量（單位）（百萬噸）	百分率 %
美	1,559,599	37,58
加拿大	1,234,289	29,74
中國	243,669	5,87
（黄河流域）	(214,212)	(5,16)
英及愛爾蘭	189,533	4,57
德	100,040	2,41
薩爾區	12,200	,29
印度	79,993	1,93
捷克	61,881	1,49
俄	57,930	1,40
法	14,615	,35
日	8,276	,20
西比利亞	358,658	8,64
澳洲	34,585	,83
南非洲	17,296	,42
其他	@	4,28
總計	4,150,000	100,00%

左表列入黄河流域各省之重要煤田地質煤層及儲量

綏遠省 (單位百萬噸)

縣別	煤田	地質時代	面積（平方仟米）	煤層總厚	無烟煤	烟煤	褐炭	總量
歸綏	黑牛溝	侏羅紀	4	0.5	(A)3			3
歸綏	柳樹灣	侏羅紀	9	1	(Ah)12			12
薩縣	宣盛茂	二叠石炭紀	10	3		(Bm)31		38
歸綏	楊圪塄東西二部	二叠石炭紀	2	1-2		(Bm)6		6
歸綏	楊圪塄中部	侏羅紀	3	1.5		(Bm)5		5
歸綏	壩口子，寬店子等	侏羅紀				(B)30		30
歸綏	古格木，討子號等	第四紀	15	1			(D)15	15
固陽	石拐	侏羅紀	39	1.5-3	(Ah)20	(Bm)85		105
安北	栓馬樁	二叠石炭紀	1.8	2	(Am)3			3
安北	買全灣	侏羅紀	7	7		(Bl-BC) 59		59
安北	二分子	侏羅紀	7.5	4		(B)36		36
固陽	窩心壕	侏羅紀	20	2		(BC)48		48
集寧	馬蓮灘	第三紀	1	2.5			(C)2	2
鄂爾多斯	石嘴子河東	二叠石炭紀	15	3		(B)59		59
其他					(A)20	(B)30		55
共計					58	396	22	476

第五章　經濟地質　　三三

山　西　省

（單位百萬噸）

縣別	煤田	地質時代	面積（平方仟米）	煤層總厚	無烟煤	烟煤	褐炭	總量
陽曲	城東	二叠石炭紀	108	7.5	(AB)1054			1,054
壽陽北張岸經平定至盂縣		二叠石炭紀	242	7		(Bh)2201		2,201
盂縣至昔陽南榮鎮		二叠石炭紀	567	7.5	(Am)5583			5,583
和順遼縣	和順梁家莊至遼縣城	二叠石炭紀	215	7	(Al)1954			1,954
遼縣襄垣	遼縣至襄垣西營鎮	二叠石炭紀	363	7		(Bh)3302		3,302
遼縣襄垣	西營鎮至南田漳村	二叠石炭紀	98	10	(A)764	(B)509		1,273
遼縣襄垣	五陽西周間	二叠石炭紀	69	9	(A)539	(B)270		809
襄垣潞城	襄垣曹家溝至潞城安居村	二叠石炭紀	46	10	(A)359	(B)240		599
襄垣潞城	潞城潞河流溝至五里堠	二叠石炭紀	14	2	(AB)36			36
長治晉城陵川	長治南晉城巴鎮北陵川西馬安西	二叠石炭紀	1.484	7.5	(Al)11.578	(B)2895		14,473
陵川	西馬安陵川間	二叠石炭紀	90	1.5		(B)176		176
陵川	附城鎮峯頭村一帶	二叠石炭紀	50	1.5		(B)98		98
晉城陽城沁水翼城等縣		二叠石炭紀	1.441	7.5	(Al)11.238	(B)2.810		14,048
浮山		二叠石炭紀	4	5	(AB)28			28
安澤平遙沁源	安平煤田	二叠石炭紀	576	7		(Bm)5242		5,242
鄉寧		二叠石炭紀	403	6		(Bm)3145		3,145

山西省（續）

縣別	煤田	地質時代	面積（平方仟米）	煤層總厚	無烟煤	烟煤	褐炭	總量
臨汾	西山	二叠石炭紀	380	2-6.5		(Bm)2276		2,276
蒲縣	東山	二叠石炭紀	629	6.5		(Bm)5315		5,315
洪洞	西山	二叠石炭紀	197	6.5		(Bm)1664		1,664
汾西		二叠石炭紀	1839	4-6		(B)10520		10,520
霍縣	東南	二叠石炭紀	25	6		(B)198		198
靈石	仁義鎮	二叠石炭紀	31	3		(B)121		121
趙城	苑川	二叠石炭紀	6	2		(B)16		16
孝義	西山	二叠石炭紀	835	7		(Bh)7601		7,601
介休	義棠鎮	二叠石炭紀	23	7		(Bh)213		213
臨縣中陽		二叠石炭紀	385	6.5		(Bh)3252		3,252
離石中陽臨縣		二叠石炭紀	488	7		(Bh)3986		3,986
偏關保德興縣	保德以南至臨縣間	二叠石炭紀	492	8		(Bm)5122		5,122
偏關保德興縣	保德鐵匠舖天橋間及偏關附近	二叠石炭紀	76	5		(Bm)494		494
偏關保德興縣	保德以北河曲一帶	二叠石炭紀	499	8		5192		5,192
太原清源交城	太清煤田	二叠石炭紀	501	7	(Al)1956	(AB)2607		4,563
陽曲交城靜樂太原	（東北部）	二叠石炭紀	304	7	(Al)1184	(AB)1578		2,762
陽曲交城靜樂太原	（仝上西部）	二叠石炭紀	54	7	(Al)211	(AB)281		492

第五章　經濟地質　　三五

山　西　省　（續）

縣　別	煤　田	地質時代	面積（平方仟米）	煤層總厚	無烟煤	烟　煤	褐　炭	總　量
交城文水	（仝上西部）	二叠石炭紀	70	3.5		(Bm)321		321
寧武靜樂郭縣	寧武內斜層東翼	二叠石炭紀	393	2.5–10		(Bl)3684		3,684
寧武靜樂郭縣	（仝上西翼）	二叠石炭紀	130	10		1690		1,690
寧武靜樂郭縣	寧武	侏羅紀	480	4			(C)2.498	2,498
大同朔縣懷仁左雲右玉等縣	（窰子頭口泉河）	二叠石炭紀	28	3.5		(BC)127		127
大同朔縣懷仁左雲右玉等縣	（窰子頭吳家間）	二叠石炭紀	86	6		(BC)674		674
大同朔縣懷仁左雲右玉等縣	（吳家窰董家莊間）	二叠石炭紀	215	6		(BC)1680		1,680
大同朔縣懷仁左雲右玉等縣	（董家莊朔縣間）	二叠石炭紀	544	6		(BC)4249		4,249
大同朔縣懷仁左雲右玉等縣	（白廟子四老溝新高山一帶）	侏羅紀	368	6		(Bl)2870		2,870
渾源靈邱	恒山	二叠石炭紀	96	6		(Bl)749		749
渾源	西窩舖	二叠石炭紀	1	3		(B)5		5
渾源	銀牛溝	二叠石炭紀	2	7		(BC)17		17
渾源	白道子	二叠石炭紀	3	8.5	(A)29	(B)9		38
渾源	松樹灣	二叠石炭紀	4	4		(B)19		19

山　西　省 (續)

縣　別	煤　田	地質時代	面積(平方仟米)	煤層總厚	無烟煤	烟　煤	褐　炭	總　量
渾　源	全　[illegible]	二叠石炭紀	2	2		(B)5		5
靈　邱	銀　廠	二叠石炭紀	9	1	(A)10			10
五　台	西　天　和	二叠石炭紀	4	7.5		(Bl)39		39
五　台	桑　寨	二叠石炭紀	8	7		(Bl)68		68
廣　靈		侏　羅　紀	59	6		(Bl)460		460
繁　峙	北　山	侏　羅　紀	267	85			(C)173	173
合　計					36,471	87,985	2,671	127,127

河　北　省 (單位百萬噸)

縣　別	煤　田	地質時代	面積(平方仟米)	煤層總厚	無烟煤	烟　煤	褐　炭	總　量
宛　平	齋　堂	侏　羅　紀	20	6-12	(Ah)165	(Bh)85		250
宛　平	門　頭　溝	侏　羅　紀	4.5	10	(Am)65			65
宛　平	其他如清水澗煤窩等	侏　羅　紀	30	2-10	(Al-Am) 140			140
宛　平	楊　家　屯	二叠石炭紀	3	4	(Am-Ah) 18			18
宛　平	其他如王平煤礦木廠子等	二叠石炭紀	30	2-8	(Am)120			120
房　山	長溝峪安子等	侏　羅　紀	20	8-16	(Am-Ah) 220			220

河　北　省　（續）

縣別	煤田	地質時代	面積（平方仟米）	煤層總厚	無烟煤	烟煤	褐炭	總量
房山	周口店紅煤廠	二叠石炭紀	10	3-5	(Am-Ah) 35			35
灤縣	開平	二叠石炭紀	44	10-21		(Bm)690		690
豐潤		二叠石炭紀				(?)30		30
井陘		二叠石炭紀	29	5-13		(Bh)221		221
臨城		二叠石炭紀	45	5-12		(Bm)450		450
磁縣		二叠石炭紀	38	8-15		(Bh)470		470
曲陽	靈山	二叠石炭紀	20	2-4	(A)13	(B)37		50
遵化	馬圈子	二叠石炭紀	6	10	(A)3	(Bm)85		88
三河薊縣		第四紀	3	0.6			(D)2	2
臨榆	柳江	二叠石炭紀	17	7.5	(Ah)135			135
臨榆	其他如義院口等	二叠石炭紀			(A)47			47
其他					(A)20	(B)20		40
共計					981	2,088	2	3,071

山　東　省　（單位百萬噸）

縣別	煤田	地質時代	面積（平方仟米）	煤層總厚	無烟煤	烟煤	總量
嶧縣	棗莊	二叠石炭紀	30	6-10		(Bm)100	100

山東省（續）

縣別	煤田	地質時代	面積（平方仟米）	煤層總厚	無烟煤	烟煤	總量
嶧縣	韓家橫	二叠石炭紀	1	2		(Bm)2	2
嶧縣	山家林	二叠石炭紀	0.2	7		(Bm)2	2
嶧縣	大日林	二叠石炭紀	1	1		(Bm)1	1
新泰蒙陰	新泰蒙陰間	二叠石炭紀	11	4		(Bl-BC)55	55
新泰	泉溝	二叠石炭紀	1	2	(A)1	(B)1	2
臨沂郯城	臨頭	二叠石炭紀	25	2	(A)25	(Bm)35	60
費縣臨沂	渡河	二叠石炭紀	8	2		(B)20	20
費縣臨沂	徐家莊後李家莊一帶	二叠石炭紀	2	2		(B)5	5
莒縣	莒縣	二叠石炭紀	2	8		(Bh)7	7
寧陽	磁窰	二叠石炭紀	5	5		(B)40	40
泰安	泰安	二叠石炭紀	1	1.8		(B)2	2
費縣泰安	五廣莊岡城等地	二叠石炭紀	1.5	1		(B)3	3
淄川博山	黌山等	二叠石炭紀	120	6		(AB-Ah) 730	730
博山	黑山	二叠石炭紀	10	7		(Bh)125	125
博山	西河	二叠石炭紀	10	3.5		(Bh)35	35
章邱	章邱	二叠石炭紀	100	2		(AB-Bh) 280	280
萊蕪	萊蕪	二叠石炭紀	14.4	8		(Bm)138	138

第五章　經濟地質　　三九

山　東　省　（續）

縣別	煤田	地質時代	面積（平方仟米）	煤層總厚	無烟煤	烟煤	總量
濰縣	坊子	侏羅紀	12	3		(B)52	52
共計					26	1,613	1,639

河　南　省　（單位百萬噸）

縣別	煤田	地質時代	面積（平方仟米）	煤層總厚	無烟煤	烟煤	總量
武安	店頭寨簡	二疊石炭紀	69	7	(AB-Al) 692		692
武安	和村	二疊石炭紀	15	5	(AB-Al) 39	(Bm)32	71
武安	紫山	二疊石炭紀	126	7	(Al)764		764
武安	薛村	二疊石炭紀	20	5	(AB-Ah) 131		131
安陽	兩治六河溝	二疊石炭紀	68	6	(AB-Al) 270	(Bm)130	400
林縣	鴻遠逸郭家窰	二疊石炭紀	6	5	(A)35		35
林縣	樞曲馬店	二疊石炭紀	4	3	12		12
修武	焦作	二疊石炭紀	113	6	(Al)1017		1017
修武	焦作煤田東端	二疊石炭紀	20	6.5	(Al)215		215
濟源	濟源	二疊石炭紀	179	2.9		(AB)540	540
淇縣		二疊石炭紀	39	6	263		263
澠縣		二疊石炭紀	22	8.2	(A)219		219

河　南　省　（續）

縣別	煤田	地質時代	面積（平方仟米）	煤層總厚	無烟煤	烟煤	總量
湯陰		二叠石炭紀	18	10	(A)49	(AB-Bm) 172	221
輝縣		二叠石炭紀	30	8.2	(Al)278		278
陝縣	觀音堂	二叠石炭紀	15	7		(Bh)115	115
澠池	北部	二叠石炭紀	19	7	(A)30	(AB)43	73
澠池	南部	二叠石炭紀	10	0.5-2.5		(B)149	149
新安	北部	二叠石炭紀	29	0.6		(AB)19	19
新安	東北部	二叠石炭紀	194	2	(A)132	(AB)143	275
新安	南部	二叠石炭紀	13	8		(AB)117	117
洛陽		二叠石炭紀	25	4-4.8		(B)134	134
宜陽		二叠石炭紀	8	8	(Al)96		96
鞏縣		二叠石炭紀	58	2.4	(Al)157		157
成皋		二叠石炭紀	16	0.3	(A)5		5
登封	宋窯	二叠石炭紀	1.2	17		(B)3	3
登封	登封北部	二叠石炭紀	1.6	1.5		(B)4	4
禹縣						(Bh-AB) 1,335	1,335
密縣						(Bh-AB) 213	213
臨汝魯山	臨魯	二叠石炭紀	95	1.5		(Bl)160	160

河南省（續）

縣別	煤田	地質時代	面積（平方仟米）	煤層總厚	無烟煤	烟煤	總量
南召		二叠石炭紀	119	0.2	(A)35		35
嵩縣	西部	二叠石炭紀	9	1.3	(A)14		14
盧氏		二叠石炭紀	3	0.6	(A)2		2
合計					4,455	3,309	7,764

陝西省（單位百萬噸）

縣別	煤田	地質時代	面積（平方仟米）	煤層總厚	無烟煤	烟煤	總量
	陝西北部及鄂爾多斯	侏羅紀	45.000	1		(Bl)58,500	58,500
		侏羅紀	5.000	1		(Bl)7,500	7,500
	陝西中部			1-5		(B)5,200	5,200
	陝西南部			1-2	(A)750		750
共計					750	71,200	71,950

安徽省北部（單位百萬噸）

縣別	煤田	地質時代	面積（平方仟米）	煤層總厚	無烟煤	烟煤	總量
宿縣	烈山	二叠石炭紀	1	3	(Am)5		5
	雷家溝	二叠石炭紀	35	3-4		(Bm)30	30
共計					5	30	35

江蘇省北部 (單位百萬噸)

縣別	煤田	地質時代	面積（平方仟米）	煤層總厚	無烟煤	烟煤	總量	
蕭縣	白土寨	二叠石炭紀	5	5		(Bm)32	32	
銅山	賈汪	二叠石炭紀	45.5	2-4		(Bm)130	130	
共計						162	162	

甘肅省 (單位百萬噸)

縣別	煤田	地質時代	面積（平方仟米）	煤層總厚	無烟煤	烟煤	總量
皋蘭	阿干鎮煤山	侏羅紀	3	4		16	16
皋蘭	仝上山寨子	侏羅紀	5	4		3	3
皋蘭	仝上煤窰峒	侏羅紀	7	2		2	2
永登	窰街	白堊紀	4	5		27	27
永登	窰街	二叠石炭紀	13	1		2	2
永登	岔口驛	二叠石炭紀	1	1.5		3	3
永登	武勝驛	二叠石炭紀	10	1		23	23
永登	上泉溝琵琶草	侏羅紀	20	5-1		21	21
永登	岌岌溝	二叠石炭紀	5.6	1.5		11	11
古浪	西山堡	二叠石炭紀	2	2		8	8

甘肅省（續）

縣別	煤田	地質時代	面積（平方仟米）	煤層總厚	無烟煤	烟煤	總量
古浪	仝上分水嶺	二叠石炭紀	3	3		18	18
古浪	黑山咀	二叠石炭紀	約計			4	4
景泰	紅砂嶺北	侏羅紀	2.6	25		8	8
景泰	紅砂嶺南	二叠石炭紀	4	2		12	12
景泰	紅水	二叠石炭紀	10.8	2.5		56	56
景泰	青崖	二叠石炭紀	9	3		34	34
景泰	大拉牌	二叠石炭紀	40	5		260	260
景泰	三眼井	二叠石炭紀	約計			6	6
景泰	小蘆塘	二叠石炭紀	約計			4	4
靖遠	大水頭	侏羅紀	2	2		4	4
靖遠	銀硐山	侏羅紀	8	2		21	21
靖遠	大拉池鳳凰山	侏，羅紀	3.6	1.5		11	11
靖遠	黨家水	侏羅紀	2	3		8	8
靖遠	磁窯子	二叠石炭紀	25	4		131	131
其他							@
共計						1,500	1,500

寧　　夏　　省　（單位百萬噸）

縣　別	煤　　田	地質時代	面積（平方仟米）	煤層總厚	無烟煤	烟　煤	總　　量
中　衛	下　河　沿	二叠石炭紀	16	6		122	122
中　寧	四　口　驛	二叠石炭紀	約計			8	8
中　寧	龍　北　溝	侏　羅　紀	約計			10	10
中　寧	石空北山	侏　羅　紀	約計			10	10
中　寧	牛　頭　山	二叠石炭紀	8.5	3		34	34
環　旺	北　窯　山	侏　羅　紀	2.8	3		11	11
金　積	石　溝　驛	侏　羅　紀	1.4	5		9	9
靈　武	磁　　窯	侏　羅　紀	約計			10	10
寧　夏	賀蘭山大嶺	侏　羅　紀	87	3	151		151
寧　夏	宿嵬溝灰廠	二叠石炭紀	約計		6		6
寧　夏	荒　草　灘	二叠石炭紀	約計		4		4
平羅磴口	石嘴子至河拐子	二叠石炭紀	80	2		103	103
其　他	環旺東磁窯中衛單梁山等				5	5	10
共　計					166	322	488

煤質　由北平地質調查所沁園燃料研究室分析結果摘錄如下。

省別	縣名	公司	水份	揮發份	固定炭	灰份	硫	熱量克洛里	粘性	等級
山東	章邱	天源	〇·四五	一七·三七	五五·五五	二六·六七	—	六三六三	—	Bh
	章邱	泰豐	〇·六八	一五·〇六	六六·九六	一七·二九	—	七一七一	—	AB
	博山	博東	〇·四一	二一·二九	六七·四三	一〇·八七	〇·八五	七七四七	粘膨	Bh
	博山	博東	〇·三〇	二二·七六	六六·九六	九·九八	〇·六〇	七八二六	粘膨	Bm
	博山	悅昇	〇·二四	一七·三二	七四·一六	八·二八	二·四〇	八〇〇〇	粘微膨	AB
	博山	悅昇	〇·六四	一九·二五	六八·一五	一一·九六	〇·二二	七六三七	微粘	Bh
	嶧	中興	〇·〇七	三〇·三二	五七·三七	一二·二四	一·四九	七五六六	粘膨	Bm
	嶧	中興	〇·五〇	二八·二〇	五九·五〇	一一·八〇	〇·六六	七五六〇	粘膨	Bm
	淄川	魯大	〇·三〇	一二·〇八	六七·六八	一九·九四	一·五二	七七〇〇	微粘	AB
		魯大	〇·一六	一一·九二	七八·八五	九·〇七	一·一七	七四八〇	微粘	Al
		魯大	〇·二八	一二·九八	七〇·五五	一六·一九	一·二三	七九二〇	微粘	AB
		魯大	〇·二五	一四·五二	七九·七六	五·四七	〇·八五	八一四〇	微粘	AB
	泰安	馮村	一·五〇	二八·七〇	五八·二〇	一一·六〇	〇·一三		粘結	Bm
	寧陽	華豐	二·一二	三六·六八	五六·四三	四·七七	二·四七	七四八〇	粘結	Bl
	萊蕪	顏莊	二·六〇	三〇·七一	五八·九二	七·七七	〇·五〇	六七九〇	粘結	Bm
	萊蕪	羊庄	九·三九	一六·八五	二五·五四	四八·二二	〇·二九	一九二〇	不	BC
河北	井陘	礦局	〇·一四	二三·七〇	六五·〇一	一一·一五	〇·七八	七七三三	粘膨	Bm

	礦局	〇・一二〇	二四・四九	六八・四八	六・八三	二・五〇	八一〇四	粘膨	Bm
	礦局	〇・一二	三二・六九	六一・〇七	六・一二	一・六〇	八〇八三	粘膨	Bm
	礦局	〇・一一	三一・四二	五六・六五	一一・八二	一・七九	七五三九	粘膨	Bm
房山	長溝峪	一・二〇	六・九五	七九・二五	一二・六〇	〇・一三	七四四三	不	Am
	長溝峪	一・一六	八・二八	六五・一二	二五・四四	〇・二七	六三八九	不	Al
	坨里	三・一二	五・四三	七八・九一	一二・五四		七二三五	不	Am
臨城	礦局	一・八八	三二・六四	五七・三二	八・一六	二・六五	七六四六	粘	Bl
灤	開灤	一・二二	三九・二二	五二・三五	七・二一	〇・八七	七一四八	粘微膨	Bl
	開灤	〇・三一	三一・九四	五七・三九	一〇・三六	〇・九七	七六三六	粘膨	Bm
	開灤	〇・八〇	二五・六〇	五五・〇〇	一八・六〇	一・四四		粘	Bm
興隆	馬圈子	〇・八四	二八・五二	五七・〇七	一三・五七		七三九七	粘膨	Bm
沙河	長盛	三・五〇	五・八八	八六・三二	四・三〇		七九〇六	不	Am
磁	中和	一・八八	二二・八六	六四・五六	一〇・七〇	二・〇〇	七六四五	粘微膨	Bm
	中和	〇・四四	一七・九四	七二・〇六	九・五六	〇・六八	七八六七	粘微膨	Bh
	怡立	〇・二四	二一・二〇	七二・一〇	六・四六	〇・六五	八一五三	粘微膨	Bm
宛平	門頭溝	二・六二	五・八八	七九・六五	一一・八五	〇・九八	七三五〇	不	Am
	板橋	二・四四	四・〇一	七八・〇五	一五・五〇	〇・七八	六九七五	不	Ah
	齋堂	〇・八二	六・〇八	八七・五六	五・五四	〇・七五	八〇三四	不	Ah
	齋堂	四・四〇	二八・三三	六二・九〇	四・三七		七八九四	粘微膨	Bm

山西	介休		〇·八四	二二·六一	五七·三六	一九·一九		六九五九	粘微膨	Bm	
	繁峙		八·二四	五七·二七	三〇·五七	三·九二		四一八九	不	BC	
	孝義		〇·二三	二四·六六	六九·三六	五·七五		八一九七	粘微膨	Bm	
	晉城		一·〇五	七·八五	八二·三五	八·七五		七八〇二	不	Am	
	平定	蘆晶	一·九三	六·二一	七九·七五	一二·一一		七三九八	不	Am	
		保晉	一·五一	三·〇〇	八六·五五	八·九二	一·五〇	七五四四	不	Ah	
	綿		〇·九九	三三·九八	四九·六八	一五·三五		六七三九	粘微膨	Bl	
	太原		〇·三七	一六·一五	七三·四八	一〇·〇〇		七八三七	微粘	AB	
	大同	保晉	三·五四	一七·九四	七三·九九	四·五一	〇·五〇	八一三七	不	Bh	
		晉北	二·二九	二九·四二	六五·七一	二·五八	〇·四五	八二五〇	不	Bm	
		(機炭)	一二·五〇	二九·〇一	四六·一二	一二·三七		六二〇二	不	BC	
	左雲		五·一五	二四·一九	五六·六一	一四·〇五	〇·五三	七〇一五	不	Bm	
	五台		一·二〇	三八·三〇	五〇·五五	九·九五		六九六七	粘微膨	Bl	
	陽曲		〇·三六	一四·八八	六八·六六	一六·一〇		七三〇三	微粘	AB	
河南	安陽	六河溝	〇·四六	二三·七九	六〇·七三	一五·〇二	〇·八五	七三五五	粘膨	Bm	
	澠池		〇·三〇	一六·四〇	三二·四八	五〇·八二		四二二五	微粘	Bm	
	修武	中原	一·八七	八·六六	六九·一六	一〇·三一	〇·三〇	七五五〇	不	Am	
	武安	大成	四·二七	五·九三	七五·九八	一三·八二		七〇五〇	不	Al	
	新安		〇·五三	一三·七五	六九·七八	一五·九〇	丨	丨	不	AB	

陝西	禹縣	三峯山	一·〇四	一七·二一	六五·四五	一六·三〇	〇·四六	七二二六	不	B h
	膚施		一·一九	三二·二一	四五·〇四	二一·五六		六一二九	粘微膨	B l
	鄜		一·五五	三三·六五	四六·三三	一八·四七		六三二三	粘微膨	B l
	同官		〇·四二	一七·三九	六四·三四	一七·八五		七一四五	粘不膨	B h
	延川		〇·八四	三三·九八	四九·八六	一七·三二		六五一五	粘微膨	B l
	宜君		一·九七	二八·七七	六一·五九	七·六七		七八二七	粘不膨	B m
甘肅	武威		三·七七	一八·八一	六五·六二	一一·八〇		七三八〇	不	B m
	高台		二·九〇	一九·一五	五三·六六	二四·二九	〇·八一五		粘	B m
	山丹		一二·七三	二七·七二	三九·八〇	一九·七五			不	B C
	永昌		一·三二	一七·一八	七〇·四〇	一一·一〇	〇·六七		粘	B h
	永登	鷲街	五·五九	三三·一八	五七·三七	三·八六	〇·三六	—	粘	B l
	皋蘭	阿干鎮	三·一三	二六·七五	六六·三六	三·七六	一·二七	—	粘膨	B m
寧夏	平羅	汝箕溝	〇·五〇	一〇·五九	七二·五八	一六·三三	〇·五七		不	A l
	金積	牛首山	六·三〇	二〇·七一	三五·九七	三七·〇二	七·八〇	—	—	B l
	中衛	下河沿	二·六〇	三三·九二	五二·三四	一一·一四	一·三五	—	—	B l
	磴口	河拐子	七·五七	三二·四五	四八·四〇	一一·五八	一·一八	—	微粘	B C
綏遠	安北	官井溝	四·五三	三四·四七	五四·七三	六·二七		七三六三	粘不膨	B l
		楔南	二·三五	七·二五	八五·二〇	五·二〇	—	七九七五	不	A m
	固陽	窩心壕	八·四一	二九·九〇	三五·一五	二六·五四		四九五一	不	C

		石拐	一·四四	三六·八八	五一·六一	一〇·〇七	〇·四二	七八九四	粘	Bl	
	歸綏	柳樹灣	一·四六	三·四四	七九·八六	一五·二四	—	七〇四〇	不	Ah	
		以前窪	一·四〇	四·八〇	八四·二六	九·五四	—	七三五〇	不	Bl	
	薩	童盛茂	一·一六	二二·六八	六六·五四	九·六二	·〇一六	七六八五	粘	Bm	
	五原	大青山	二·四六	三六·二六	五五·八一	五·四七	〇·四六	七七三四	粘膨	Bl	
安徽	宿	烈山	一·一七	五·六二	八五·一二	八·〇九	〇·七〇	七七七五	不	Ah	
		烈山	〇·五五	一三·〇五	七〇·〇六	一六·三四	〇·六五	七二五六	不	AB	
江蘇	銅山	賈汪	一·九一	三六·八四	五一·四六	九·七九		七〇〇五	粘微膨	Bl	
		（下層）	一·八六	三二·五一	四三·二九	二二·三四		五九一六	粘微膨	BC	
	蕭	白土寨	〇·一三	三一·二八	五五·六九	一〇·九〇		六一六〇	粘結	Bm	

礦業　黃河流域雖為中國煤產最盛區域，但較大礦業則僅集中於東部各省，陝甘綏寧尚無足述。茲將各處情形表列於左，以見概況：

省別	縣別	公司	近年年產能力（噸）	煤質	附註
山東	淄川 濰縣	魯大公司	七〇〇、〇〇〇	B	淄川礦井於民國廿四年五月被水難復工為中日合辦
	嶧	中興公司	一、二〇〇、〇〇〇	B	華資經營規模宏備
	寧陽	華豐公司	七〇、〇〇〇	B	華資商辦

	泰安	華寶公司	三〇、〇〇〇	B	即禹村煤礦
	博山	悦昇公司	三五〇、〇〇〇	B	兼營西河大崑崙輕便路
	淄博煤田共計		一、五〇〇、〇〇〇	B	共煤礦四十餘家其中魯大博東旭華協成四家爲中日合辦
	章邱煤田		一五〇、〇〇〇	B	共煤礦十家
	新泰萊蕪費臨沂郯城等		二〇〇、〇〇〇	B	
	山東共計		三、五〇〇、〇〇〇	B	共公司六十三家
河北	灤	開灤煤礦	五、〇〇〇、〇〇〇	B	中英合辦
	井陘	井陘煤礦	七〇〇、〇〇〇	B	中德合辦德股減少
		正豐公司	二〇〇、〇〇〇	B	華商公司
	宛平	門頭溝公司	三〇〇、〇〇〇	A	中英合辦
	臨榆	柳江煤礦	二五〇、〇〇〇	A	華商公司
	磁	中和公司	五〇、〇〇〇	B	華商公司
		怡立公司	二五〇、〇〇〇	B	華商公司
	臨城	臨城礦局	一〇〇、〇〇〇	B	省辦
	其他		六〇〇、〇〇〇 五〇、〇〇〇	A B	

	河北共計		七、五〇〇、〇〇〇		內烟煤六、三五〇千噸 無烟煤一、一五〇千噸
河南	安陽	六河溝公司	七〇〇、〇〇〇	B	華商公司
	修武	中福公司	一、一〇〇、〇〇〇	A	華資之中原公司與英資福公司自民國廿二年合辦
	陝	民生公司	七五、〇〇〇	B	華商公司
	其他武安安陽禹密鞏臨汝登封澠池等		四一〇、〇〇〇 二二〇、〇〇〇	A B	
	河南共計		二、五〇五、〇〇〇		內烟煤一、一八五、千噸 無烟煤一、三二〇、千噸
山西	平定晉城	保晉公司	三〇〇、〇〇〇	A	華資公司
	大同壽陽	保晉公司	二二〇、〇〇〇	B	華資公司
	大同	晉北礦局	二五〇、〇〇〇	B	華資煤礦
	汾河谷及西南部		三三〇、〇〇〇		
	晉北區		一一〇、〇〇〇		
	雁北區		六〇〇、〇〇〇		保晉晉北兩廠除外
	平盂潞澤區		七〇〇、〇〇〇		保晉公司除外
	山西共計		二、五一〇、〇〇〇		共有礦業公司一六三二家烟煤約佔百分之七十
陝西	陝西中部		一一〇、〇〇〇	B	同官白水韓城商縣邠縣澄城等

陝西北部及其他		一〇〇、〇〇〇	B	榆林府谷神木米脂綏德安定延長
陝西共計		二一〇、〇〇〇	B	
綏遠	共計	六〇、〇〇〇 二〇、〇〇〇	A B	歸綏薩拉齊安北固陽等縣舊法開採
甘肅	共計	一〇〇、〇〇〇	B	皋蘭永登武威山丹靖遠景泰等土法開採
寧夏	共計	一〇、〇〇〇 五、〇〇〇	A B	無烟煤爲賀蘭山產烟煤以中衛及磴口爲著均土法開採
江蘇	銅山賈汪	二〇〇、〇〇〇	B	華東公司新法開採爲華資商辦
安徽	宿縣烈山	八五、〇〇〇	A	烈山煤礦公司爲官商合辦
黃河流域產煤總計		一六、七〇五、〇〇〇噸		烟煤約一三、一一五、〇〇〇噸 無烟煤三、五九〇、〇〇〇噸

第二節　鐵礦

中國之鐵礦儲量與世界各國相較爲數甚微（見下表）而遼寧一省已佔有全國百分之七二强，熱河亦約佔有百分之一外，其他各省合計不過約百分之十九，而黃河流域則佔百分之七八，約有八千三四百萬噸。

世界各重要國鐵礦儲量表

國別	儲量（以百萬噸爲單位）	百分率 %
美	94,324	41,79+
印度	20,500	9,13−
法	12,254	5,42+
英	12,168	5,40
德	4,160	1,84+
瑞典	2,877	1,27+
蘇俄	2,090	,93−
西班牙	1,388	,62−
中國	1,216	,53+
日本	85	,04−
澳洲	,926	,41
荷屬印度	,817	,36+
菲律賓	,805	,36−
新西蘭	70	,03+
共	153,680	68,13
其他	@	31,87
	225,689	100,00%

中國重要鐵礦儲量表

	省別	儲	量	(單位千噸)	百分率%
	遼寧	872.181	廟兒溝	202.181	72.29%+
			弓長嶺	268.000	
			鞍山站	402.000	
	熱河	11.310	灤平隆化	11.310	.94%
	察哈爾	91.645	宣化龍關	91.645	7.60%-
	湖北	39.640	大冶	10.500	3.29%-
			靈鄉	6.340	
			鄂城	10.000	
			象鼻山	8.800	
			宜都	4.000	
	安徽	19.864	長龍山	4.645	1.65%-
			當塗	6.298	
			銅官山	4.921	
			鷄冠山	4.000	
	廣東	11.156	廉江	4.000	.92%+
			雲浮紫金	7.156	
	浙江	7.154	長興	5.130	.59%+
			建德	2.024	
	江蘇	7.437	鳳凰山	4.437	.62%
			利國驛	3.000	
黃河流域	綏遠	20.700	固陽	.700	1.72%-
			白雲鄂博	20.000	
	山東	14.340	金嶺鎮	13.700	1.12%-
			費縣	.640	
	河北	42.029	涞縣	32.424	3.40%+
			井陘	7.755	
			易縣	1.500	
			臨榆撫寧間	.350	
	河南	3.000	信陽商城	2.000	.24%+
			紅山	1.000+	
	共	1.140.227			
	其他山西江西等省		@		5.53%
	總計	1,206,437,570			100.00%

茲將中國各重要鐵礦簡述如左：

河北省灤縣盧龍遷安鐵礦　礦石爲赤鐵礦，間有磁鐵礦，生片麻巖中成層狀。露頭有十數處：一、在灤縣車站南十八里司家營，礦石含鐵百分之二十至三十一，儲量約二千五百萬噸。二、張庄在雷莊車站西十六里，含鐵成分百分之三六至四〇，儲量約六百五十萬噸。三、吴庄在張庄東三里，礦石含鐵百分之三十，儲量約一百萬噸。四、五佛寺在遷安西南境，礦床長一千二百米，厚四十米。五、遷安西南境小張庄及西閣寺均有同類鐵礦。六、盧龍西境之洞山及西北境梆子山亦有鐵礦。七、桃園在盧龍西南，體積小而含鐵成分較高。此礦各區均未開採。

河北井陘縣鐵礦　井陘縣南境，錫富山紫山瑙等處，在震旦紀石英巖中夾鮞狀赤鐵礦層，常有露出，礦之性質及成因，皆與察哈爾省宣化龍關一帶之所謂龍煙鐵礦者相類，但層略薄，成分略低，此礦北距正太路約三、四十里，礦石含鐵約百分之三、四十，層厚約一二米，礦量約七百餘萬噸，未經開採。

山東金嶺鎮鐵礦　屬益都縣，東南距城六十里，南至膠濟路金嶺鎮車站有支路，距八里。礦床生於奥陶紀石灰巖與閃長巖接觸帶，礦石爲赤鐵礦及磁鐵礦，含鐵成分百分之五十五至六十六，礦床長一千七百餘米，平均寬十三米。儲量在地平以上約三百七十萬噸，下深一百米，則當有礦量一千三百七十萬噸。此礦德人原擬經營，但未正式開採，青島戰後民國八年爲日人所得，八九年共產礦石約十二萬三千噸，現歸中日合辦之魯大公司所有，未開採。

河南武安鐵礦　武安縣西境北境之紅山礦山小礦腦上泉坡黑石坡五處礦床，生於奧陶紀石灰巖與閃長巖接觸帶，礦石爲赤鐵礦及磁鐵礦，含鐵百分之五十五以上。儲量共約一百餘萬噸。

河南修武鐵礦　赤鐵礦生於奧陶紀石灰巖與石炭紀地層之間，在焦作鎮東北一帶出露，距道清鐵路十數里。礦層不規則，厚自半米以至二·五米。礦石含鐵百分之三十至四十五。西自閻河鳳凰嶺東至李庄，延長雖有十餘仟米，因不規則，其地平面以上儲量不過十餘萬噸，地面以下尚難臆斷。此礦在民國十五年曾由宏豫公司開採，築煉爐於新鄉，每日煉鐵能力爲二十五噸，惟因鐵價跌落，數月旋停。現無人開採。

山西鐵礦　山西式鐵礦床，爲結核赤鐵礦，存於奧陶紀石灰巖及石炭紀巖層之間。礦層雖極不規則，而分佈甚廣。礦石含鐵百分之四十至五十，含磷爲百分之〇·二五，似屬太高。鐵礦分佈可分數區：一、潞澤區，包括長治壺關高平陵川晉城陽城沁水安澤等縣。二、平盂區包括平定昔陽和順遼縣一帶。三、隰鄉區包括隰蒲寧鄉等處。四、陽曲西山。五、臨縣招賢鎮。山西鐵業久已著聞，現惟平定陽泉車站河北岸有新式煉爐一座，爲保晉公司經營，該煉爐每日產鐵能力爲二十噸。近每年產生鐵七八千噸。現山西設立西北煉鋼廠，於本年四月正式籌備，地點在太原城北古城村，礦石將取給於寧武靜樂平定等處云。其他各處均用土法煉鐵，每年產量計潞澤區約三萬噸，平盂區二萬噸，其他各區共約一萬噸。土法煉鐵各區相同，燃料用無煙煤，爐分三種：一曰方爐，收買礦石專煉生鐵成碎塊或片狀。一曰鍋爐，將方爐所煉之生鐵熔鑄鐵鍋。一曰炒爐，即將方爐所煉之生鐵重加木炭煅煉成熟鐵。熟鐵成條或錠，用製器具。

其他鐵礦　上列爲重要鐵礦。其餘價值不明比較次要，或本區邊境各礦，爲數尚繁，茲簡列於左以見概略。

省別	礦地	約計礦量（噸）	備考
山東	[illegible]縣礦坑	六四〇、〇〇〇	縣城東南六十里生於石炭紀巖層底部成層狀長二百米厚四米礦石含鐵百分之四十六
	其他		嶧縣城北二十五里郭里集稅郭歷城章邱間萊蕪泰安間均有鐵礦無開採價值
江蘇	銅山利國驛	三、〇〇〇、〇〇〇	產地在車站微山湖東南岸間爲接觸礦床赤鐵礦含鐵百分之五十以上民國八年袁世傳開採旋停
河北	易縣	一、五〇〇、〇〇〇	易縣拒馬河吳村至楊村有鐵礦沙易水自梁台至鐵路橋又白澗河鐵沙厚二・五上〇分米含鐵沙五・五%
	灤縣開平煤田	一〇〇、〇〇〇	煤田北部古冶趙各庄林西間二叠紀沙巖中有赤鐵礦層厚一至三米含鐵百分之五十
	臨榆撫寧間	三五〇、〇〇〇	礦在鷄冠山東南距秦皇島四十里磁鐵礦生震旦紀石灰巖中含鐵不過五〇%
河南	信陽商城	二、〇〇〇、〇〇〇	片麻巖中磁鐵礦粒風化成沙鐵礦沿柳林河雙河信陽河產沙遠二百里年產生鐵五六千噸

陝西	鎮安		鐵銅溝及黃龍鋪赤鐵礦產於石英板巖中脈不規則土法煉鐵年產數噸
	其他		留垻韓城雒南南鄭鎮巴漢陰鳳縣均有鐵礦似均無價值
甘肅	成徽西固靖遠等		成縣前曾年產二千噸現停靖遠皋蘭間有層狀鐵礦價值未詳
綏遠	固陽公義明	七〇〇、〇〇〇	在縣西南二十里在片麻巖中成磁鐵礦脈
	白雲鄂博	三〇、〇〇〇、〇〇〇？	地在綏遠西北四百里屬札克親王地爲接觸鐵礦磁鐵礦含鐵百分之六十以上云
	其他		固陽東南九十里邵不亥薩拉齊北老窩鋪均產鐵似皆不富

第三節　金礦

黃河流域金礦雖遜於東三省蒙古新疆，但分佈亦廣，尤爲重要礦產之一。蓋片麻巖及變質巖中每多石英脈，其中往往含金。故此類較古變質巖分佈之區常有金礦存在。惜開採向未改良，產出並不盛。茲將重要產地簡列於下。

省別	縣別	礦床	礦業
山東	招遠	在縣城東北之玲瓏山園巖爲片麻巖礦生石英脈中含金每噸至四兩以上並含銀	山東商辦年產數百兩
	牟平	縣南六十里之茅山產地長十餘里礦床同前含金十萬分之一云	所產不多

	其他	以上兩處及平度蓬萊文登棲霞掖臨朐皆產山金沂水西南六十里有沙金官礦餘福山莒等處沙金亦多有	零星開採年產共一千餘兩
河北	興隆	興隆遵化間長城內外如七撥子五撥子一帶山金極富現多爲日人攫取開採馬蘭峪一帶沙金開採亦盛	年產共不下四五千兩
	密雲	縣東北一百里之桃園爲片麻巖山金每噸礦石含金約七錢產地縱橫數十里石英脈甚多	冀北金礦公司開採年產二百餘兩
	其他	冀北臨榆遷安撫寧昌平等縣均有金礦開採已久惟不若興隆之富均屬山金	零星開採年產共約數百兩
山西	代縣	代縣五台一帶產脈金但含量似不富	現辦官礦採金處
陝西		華藍田南鄭褒城略陽寧羌城固平利安康山陽鎮安均產沙金但不富	產量甚小
河南	嵩縣	豫西伏牛山多太古界巖層故伊洛兩河上游常有沙金在嵩縣洛寧一帶零星淘採	產量甚小
甘肅	西部	祁連山多太古界及其上變質巖多石英脈故北坡有山金以永登鎮羌灘敦煌南山酒泉張掖爲最著	本地回民開採產出尚盛
青海	東部	青海亦多太古界地層故大通河之大通亹源西寧河之西寧湟源及黃河上流均以產沙金著聞	同前

第四節　石油

中國之石油儲量除陝北外尚未有精確之探討，美國地質調查所於民國九年發表。數字爲一·三七五（以百萬桶爲單位）其推算區域以陝西四川爲主，甘新亦同時計入，雖非甚確當，亦可資參考，此外則油母頁巖中之儲量計陝北八五二，撫順二·一〇九，滿洲里（瀝青油）〇·二，總計中國已知之油儲量爲四・三三七，其中東北四省占二・一一〇，約一半弱。

中國石油儲量與世界各產油區相較，列位頗低，茲附左表明之，（根據實業部地質調查所第五次礦業紀要）

油區	儲量（以百萬桶爲單位）	百分率 %
美	7.000	15.22%
蘇俄	6.755	14.69%
波斯及美索不達米亞	5.802	12.61%
南美北部	5.730	12.46%
墨西哥	4.525	9.84%
南美南部	3.550	7.72%
荷屬印度	3.015	6.55%
中國	2.227	4.84%
東三省	2.110	4.59%
日本台灣	1.135	2.68%
羅馬尼亞加利西亞及歐西	1.135	2.47%
加拿大	.995	2.16%
印度	.995	2.16%
阿爾基利亞及埃及	.925	2.01%
共計	45.999	100.00%

中國本部與東三省之油儲量均約佔世界儲量百分之五弱。

陝北油田久已著名。　按陝西地質，除南部渭河平原外，陝西北部全爲中生代地層。　巖層平緩，傾斜向西由一二度至三四度，惟微小斷層，則所難免，近斷層之巖層每多直立。　重要地層下部爲紅色砂頁巖互層，愈上砂巖漸多。　屬下三疊紀。　厚約六百米以上。　整合其上者爲上或中三疊紀地層，下部爲長石砂巖間綠色或黑色頁巖，但巖層中長有局部之不連續。　總厚不下一千米。整合於此層之上者卽下中侏羅紀含煤地層，爲灰色砂巖綠色黑色頁巖組成，厚約八百米。　下部含煤四層，屬下侏羅紀，上部不含煤部約屬中侏羅紀地層。

陝西油層大致可分三組，其二組含於上或中三疊紀灰色砂巖中，一組含於下侏羅紀煤系。　最下組發現於延長附近，含油四層，由下而上之第三層卽延長油廠所採油層。　中組發現於延川永平鎮，含油二層。　上組含油三層，均在膚施附近。

油母頁巖在陝北發現者有三層，均產於下侏羅紀之下部。　一曰麒麟溝層，見於安定縣北之麒麟溝玉家灣秦家塔魯家屯等處，厚半米至一米，含油百分之一以至六。　一曰蟠龍層，見於安定南之蟠龍鎮附近，位麒麟溝層之下，厚僅〇・二米，含油百分之六。　一曰核桃坪層，在蟠龍西北五里見之。介於蟠龍及麒麟溝層之間，厚一米含油約百分之一。　油母頁巖之儲藏量據北平地質調查所估計如下：

		頁巖儲量（兆噸）	每噸含油（加侖）	油儲量（兆加侖）
麒麟溝區	富礦	一二五	一六	三、〇〇〇
	貧礦	五二四	七	三、七〇〇
瓦窰堡蟠龍區	富礦	二九九	一八	五、三八七
	貧礦	三、九三三	六	二三、五九八
共計		四、八八一		三五、六八五

延長石油廠　油廠在延長縣西門外，爲陝西省官辦。　第一油井開於光緒三十二年，現每日出油二、三百斤。　第二井在距城廿五里之舍利莊，成於宣統三年，原可每日出油二、三百斤，現已廢。同年又在第一井旁開第三井，以油少停工。　民國四年在城東北十里之煙霧開第四井，日可出油二、三百斤，現已廢。　民國十三年於縣西門內掘第五井，未見油停。　復在東廠後山開第六井，初時油量尚佳，繼日減少。　民國十八年於第一井西北三百米處開新井，深五百二十米。　最初每日可出油六、七千斤，現每日僅一百餘斤。　煉油釜每次容七千二百斤，按近年產量每二十日煉一次，每次能得揮發油四五十斤，汽油二、三百斤，甲燈油二千七至三千斤，乙油七百至一千斤，餘爲機器油、渣油及蠟等。

歷年原油產量如下。

光緒三十三年	四〇、七一〇斤	三十四年	七八、八五三斤
宣統元年	一九六、一一三斤	宣統二年	二〇三、八五〇斤
宣統三年	一四八、四五二	民國元年	六五、〇〇〇
民國二年	二八五、〇〇〇	三年	二三五、〇〇〇
四年	四〇五、〇〇〇	五年	六三五、〇〇〇
六年	三二〇、〇〇〇	七年	三一〇、〇〇〇
八年	二八〇、〇〇〇	九年	二四〇、〇〇〇
十年	二二〇、〇〇〇	十一年	二一六、〇〇〇
十二年	一六二、〇〇〇	十三年	一六〇、〇〇〇
十四年	一六五、〇〇〇	十五年	一五六、二四〇
十六年	一〇八、〇〇〇	十七年	九二、四〇〇
十八年	二七〇、四四八	十九年	二六二、六一〇
廿年	一三二、五一〇	廿一年	九三、四二〇
廿二年	七〇、六二〇	廿三年	六九、二一〇

甘肅玉門西一百九十里赤金堡，在祁連山陰產石油。出於中生代末紀或第三紀初期地層中，詳情尚待研究。

此外延川縣西鄉近時採油，結果頗佳，尚在延長之上。

第五節 其他礦產

茲將所知較要礦產地表列於後：

鉛銀礦	山東	莒縣金牛欄	縣南七十里七寶山西南部生片麻巖中成脈爲方鉛礦螢石甚富	現未採
		安邱担山	縣城東方鉛礦脈生片麻巖中	未採
		安邱白石嶺	在縣城南西脈生片麻巖中螢石及重晶石甚多	未採
		蒙陰兩縣莊	距蒙陰新泰各三四十里脈生片麻巖中方鉛礦與藍銅礦並生	未採
		文登鷄鳴山	威海衛產裏村西南脈在片麻巖中	未採
	山西	大同鎭邊堡	縣北八十里脈生石英片麻巖	現未採
		文水陷家溝	縣西南六十里銀溝西榆皮等地脈生片麻巖及片巖中與銅礦共生	現未採
	河南	盧氏石頭溝	縣南東一百七十里又其東北三十五里北沙洞脈生大理巖中又縣西七里冷水村亦產鉛	現未採

礦	省	地點	說明	狀況
		羅山銀洞冲	縣南二十里脈生片巖大理石中脈長三百米	現未採
銅礦	山東	歷城科桃庄	濟南東南約一百里附近爲片麻巖黃銅礦有伴生鎳質	現未採
		沂水銅井	縣西南四十餘里爲石灰巖與閃長巖接觸帶	現未採
	河北	淶源鼻子嶺	縣南約二十里生矽質灰巖與花剛巖接觸帶銅質存鐵礦中	未採
		完縣合陽坡	脈生石灰巖內爲方解石石英及斑銅礦	未採
	山西	聞喜	縣西北四十里瓦渣西山二溝縣南六十里順水溝縣東南一百里箆子溝皆有銅礦脈生結晶片麻巖中礦量有相當價値	現未採前有涑川公司開採
		垣曲	縣西北七十五里豹子溝及縣東北五十里犁巴溝礦床與聞喜同	未採
		絳縣	縣東四十里蛇腰溝及縣東南五十里西洋海銅瓦溝	現未採
	河南	濟源	縣西北六十五里孫真人坟附近銅礦脈生片麻巖中	現未採
		信陽杜家坂	在鄂豫交界礦生片麻巖中	未採
		信陽猪鬃嶺	城東南富谷村脈生元古界或古生界頁巖中	未採
	陝西	鎮安	縣南北變質頁巖中含銅礦脈爲孔雀石	
	甘肅 青海		古浪之哈西灘永登阿虎狠溝及靖遠猪嘴啞吧青海西寧大通之老鴉峽慈利寺藥水泉均有銅礦前經開採以礦砂告盡停止	光緒末年興辦銅廠於永登窰街旋停

錳礦	河北	昌平西湖村	在縣北四十餘里軟錳礦脈生矽質石灰巖與花剛巖接觸處	未採
		遷安鷄武山	長城北距縣一百十里脈生於元古界變質巖中鎢鐵礦與重晶石同生	未採
		撫寧	縣北百餘里起河附近王父子老爺後溝歹溝石胡子溝等處	未採
鋁礦	山東	淄川博山	淄博一帶二疊三疊紀鋁土頁巖厚約九尺儲量六千八百萬噸礦含鋁百分之四十至六十	未採
硫化鐵	山東	淄川博山	煤系中產黃鐵礦結核用以製硫及綠礬產出甚富又招遠平度產脈礦	
	河北	磁縣及開平	煤系中結核凡各煤田多採製礦礬者	
	山西	陽曲等	隰縣汾西靈石文水和順孫等縣情形與前仝	
	河南	新安修武博愛	新安狂口修武王封博愛淸化小嶺寺寺後等處均產煤系中賦存尚富	
	陝西	澄城白水等	蒲城隴城固鎮安宜君同官煤系中產黃鐵礦礦及綠礬多有採製	
	甘肅	臯蘭等	如阿干鎮武威等煤田均產黃鐵礦多採以製礦	
陶土	山東	博山寧陽	粘土產於石炭紀下部博山耐火粘土品質尤佳開採亦盛	
	山西		煤系分佈最廣故粘土產地甚夥以平定陽泉保晉磁廠出品最佳	
	河北		如磁縣井陘開平唐山各煤田產出最盛	
	河南		煤系分佈之處長有產出如禹縣新安修武安陽產出較著	
	陝西		同官韓城等縣煤田均產粘土同官最盛	

	綏遠	清水固陽	亦產煤系下部清水產甚盛	
	甘肅	靖遠武威	產於煤系下部武威出品最多	
螢石	山東	莒縣等	莒縣西北三十里膠縣七寶山螢石及重晶石脈甚多	
重晶石	山東		高密膠縣即墨萊陽等產重晶石礦脈現已開採	
滑石	河北	房山縣	在石窩村滑石五層夾石灰巖中又西北十里黃井兒亦產滑石	開採
石棉	河北	淶源等	縣東北水泉溝生於矽質石灰巖與花剛巖接觸處儲量尚富	仲達公司開採
		昌平等	昌平禾子澗西山紅煤廠獲鹿金珠嶺均產石棉惟不及前者之富	
	綏遠	歸綏等	歸綏石灰窰武川半溝六洲灣安北沙壩固陽板溪兒等處量不富可資零採	
	陝西		鎮平雒南安康平利均產石棉	
石墨	山東	萊陽	縣東北七十里月石庄生片麻巖中質量甚佳	
	河北	房山	周口店東北一帶為花剛巖變質夾炭層質不佳用為塗料	
	河南	桐柏商城	信陽確山商城等縣石墨生結晶巖中質又甚佳	
	綏遠	歸綏興和	興和南九十里黃土窰產片麻巖中歸綏北二十里紅山口生桑乾片麻巖中	
	陝西	鄠縣釋戰溝	儲量頗富成分略次	
石鹽	陝西		富平蒲城朝邑榆林均有鹽池刮土或鑿井淋煎	

	甘肅		靖遠景泰永登民勤高台皆有鹽池引水晒鹽產出甚富	
	寧夏		靈武鹽池兩縣產地甚多引水晒取花馬池其最著者	
	青海		湟源大通青海池週圍鹽池甚多質量甚著	
	山西	安邑解縣	山西產鹽地曰河東區解池東西五十一里引水晒鹽年產六七十萬擔又晉北產土鹽	
	綏遠		集寧東南之二蘇木海及涼城東之岱海均產鹽	
石膏	山西	平陸	石膏層夾於第三紀藍色粘土層中層厚在一米以上賦量甚富	商人開採
		陽曲等	陽曲西山與陶紀石灰岩中有石膏脈甚夥介休大同亦產石膏	
	河南	陝縣	第三紀地層與平陸隔河相連亦含石膏層	
	陝西	臨潼	縣南三十五里岳泉村南層厚半寸	
	甘肅	永登等	甘肅中北部第三紀地層分佈甚廣其中常見石膏層如永登紅城子賦存甚富	
自然鹼	陝西	神木	產地在邊墻外長汗淖阿肯淖屬加薩及烏審兩蒙旗年產二百萬斤	有省商合辦鹼局
	寧夏	磴口	產地在磴口石嘴子黃河以東屬鄂爾多斯界亦為鹼湖現有開採	有商人開採
	綏遠		上述兩產地均在綏遠界故鄂爾多斯與陝甘寧交界一帶鹼鹽湖寔甚夥	
	山西	天鎮陽高	產於卑濕低地由土中激淋得鹼	

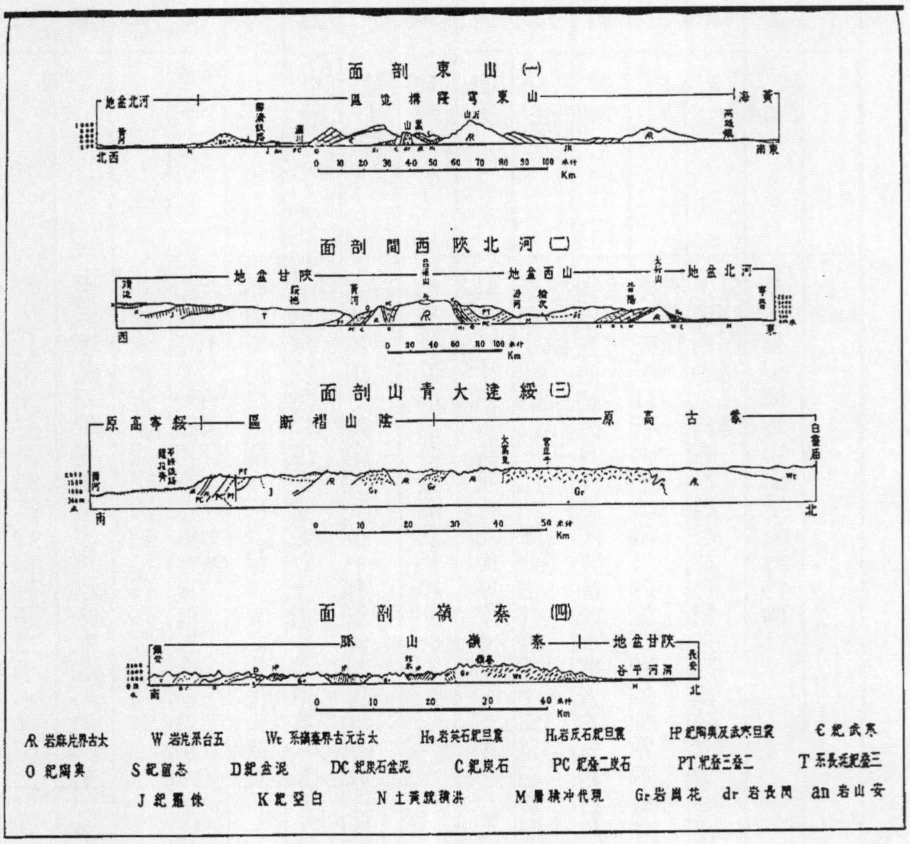
(一)山東剖面
(二)河北陝西間剖面
(三)綏遠大青山剖面
(四)秦嶺剖面

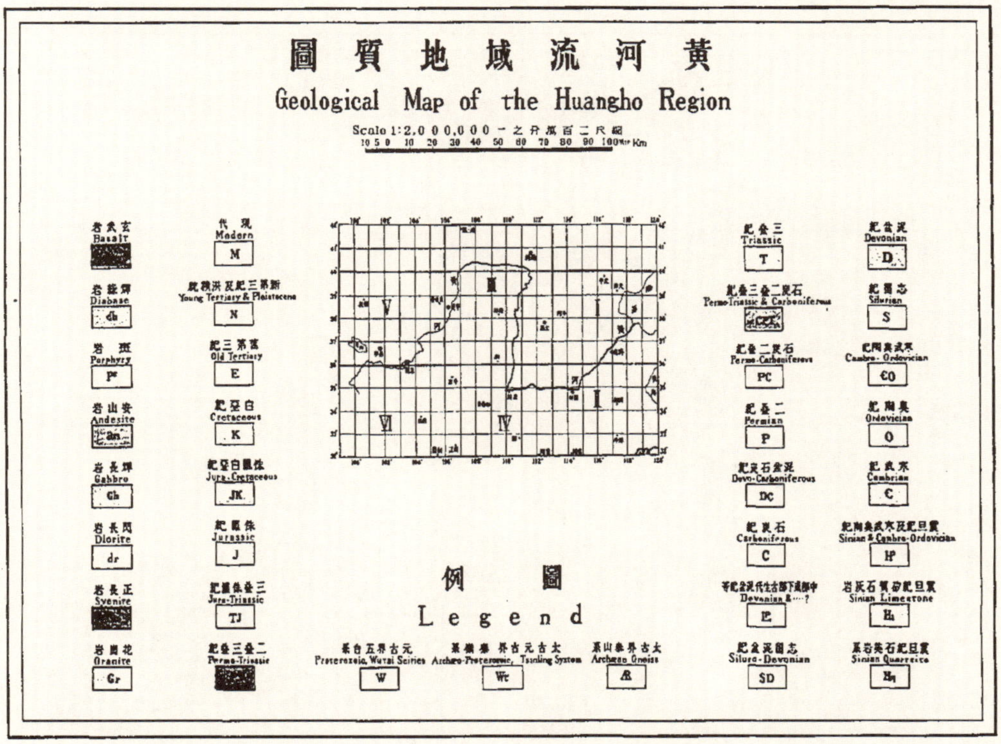
黄河流域地質圖
Geological Map of the Huangho Region
Scale 1:2,000,000
Km
圖例
Legend
Basalt
Diabase
Porphyry
Andesite
Gabbro
Diorite
Syenite
Granite
Modern
M
Young Tertiary & Pleistocene
N
Old Tertiary
E
Cretaceous
K
Jura-Cretaceous
JK
Jurassic
J
Jura-Triassic
TJ
Permo-Triassic
Proterozoic, Wutai Series
W
Archaeo-Proterozoic, Tsinling System
Archaeo Gneiss
Triassic
T
Permo-Triassic & Carboniferous
Permo-Carboniferous
PC
Permian
P
Devo-Carboniferous
DC
Carboniferous
C
Devonian &…?
Siluro-Devonian
SD
Devonian
D
Silurian
S
Cambro-Ordovician
Ordovician
O
Cambrian
Sinian & Cambro-Ordovician
Sinian Limestone
Sinian Quartzite

I

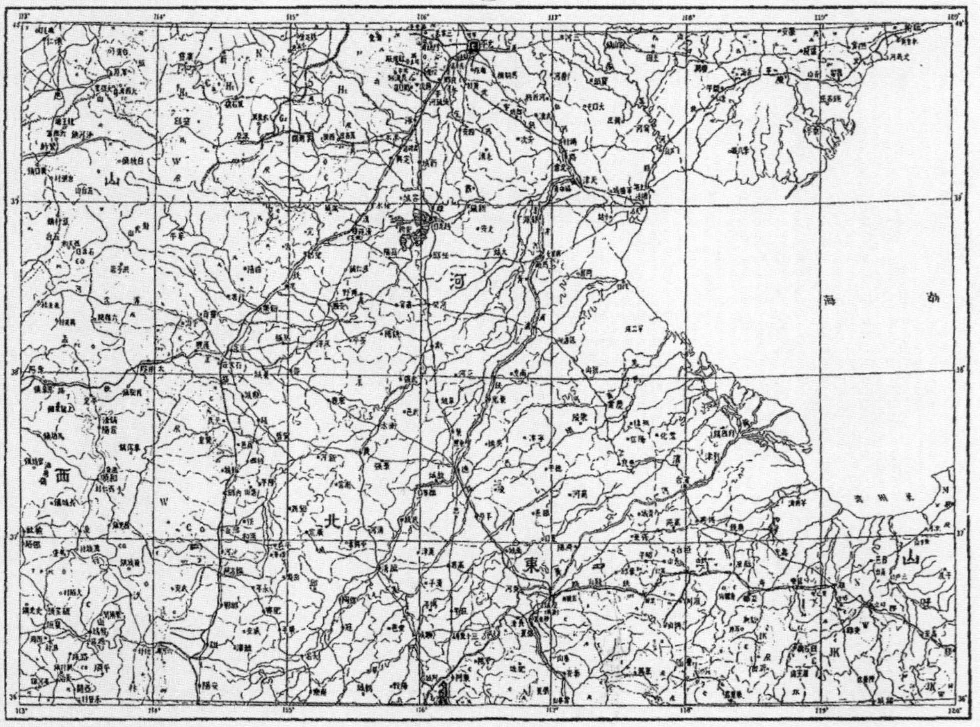

Ⅱ

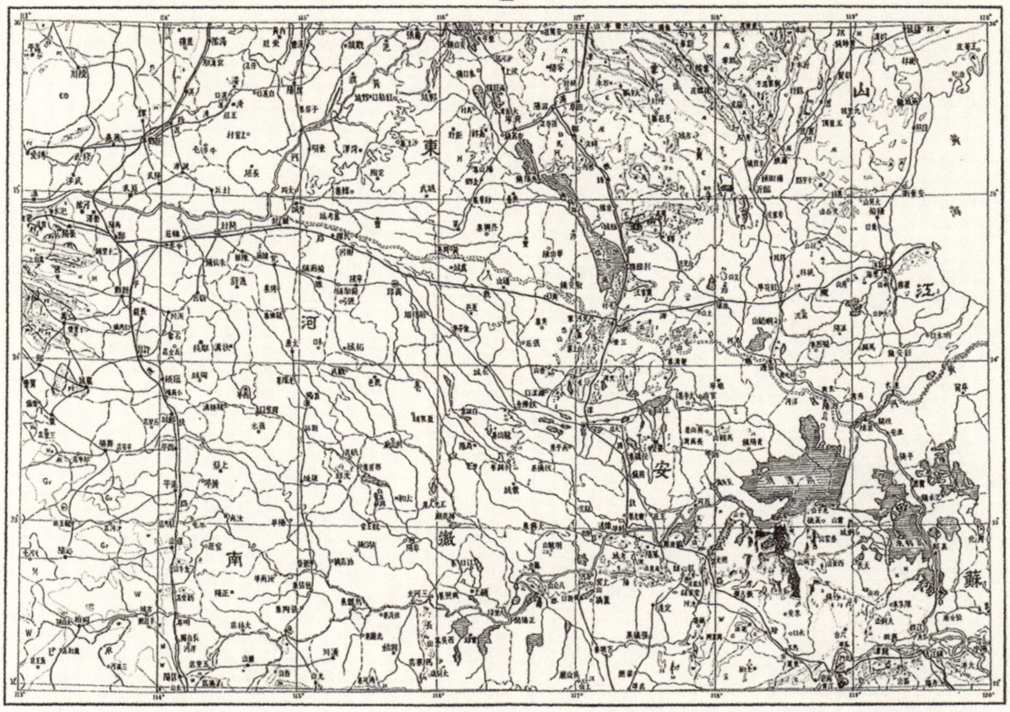

Ⅲ

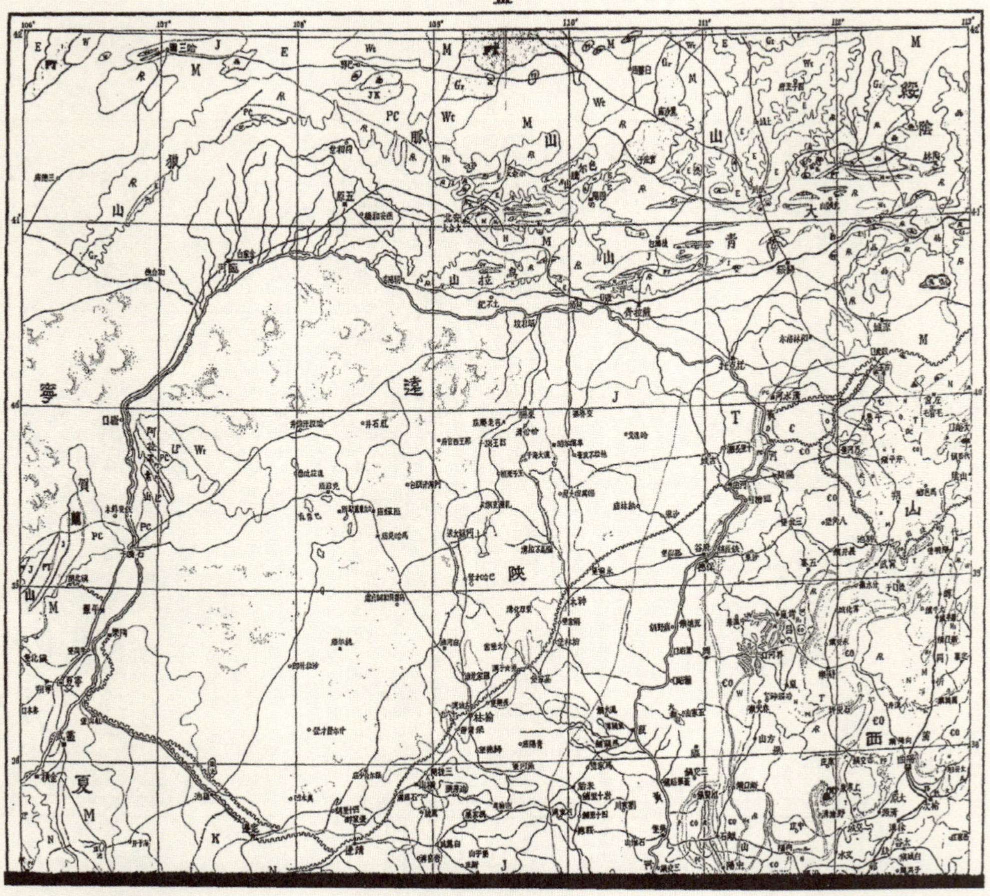

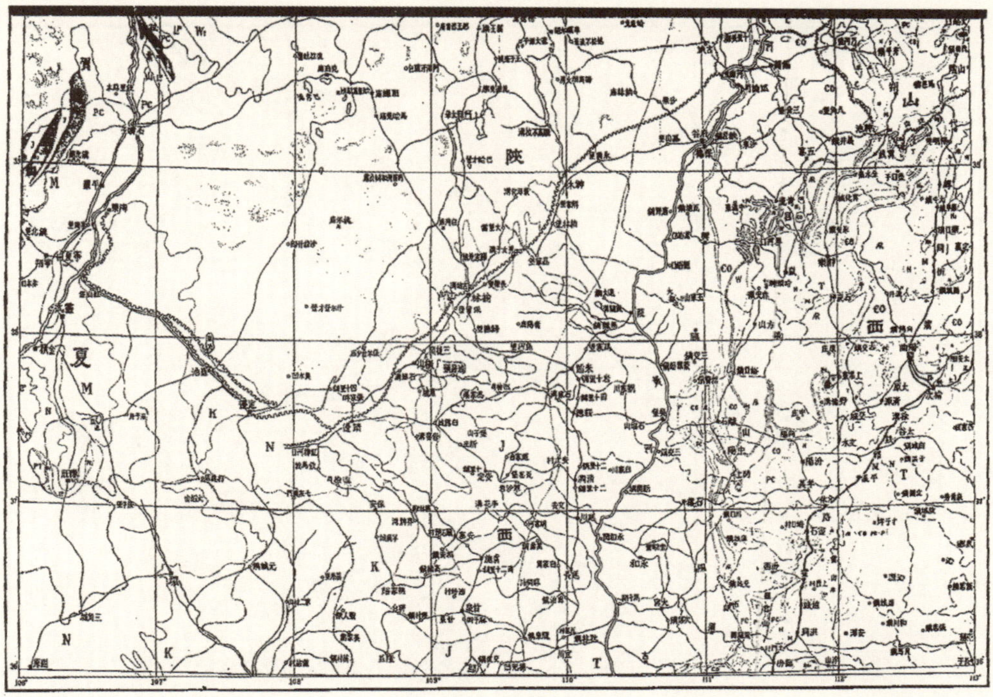
陕
夏
西
山
西

Ⅳ

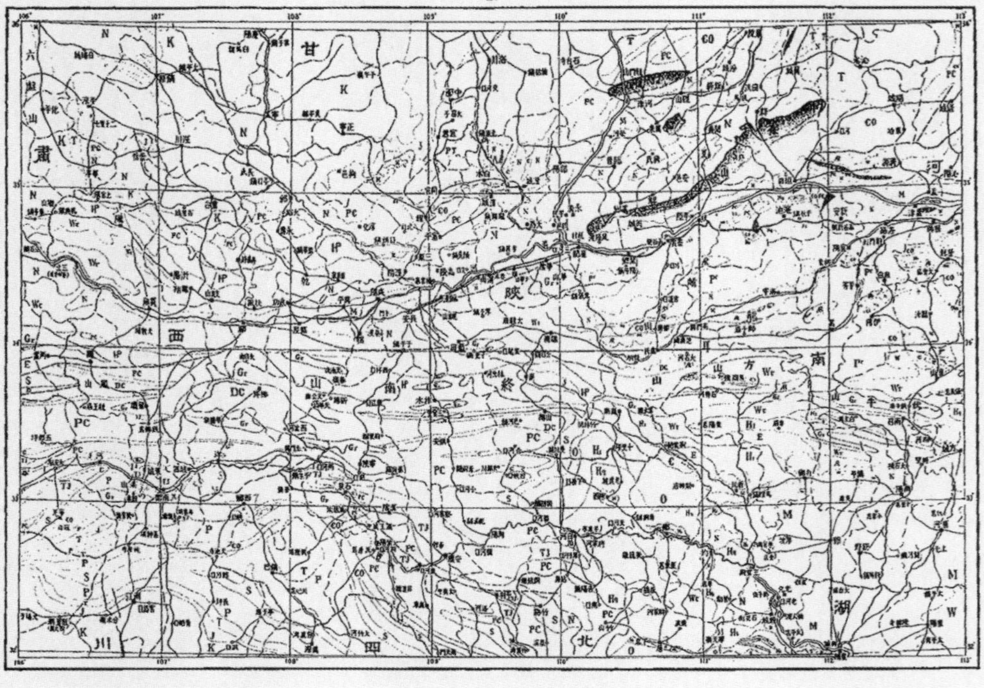

V

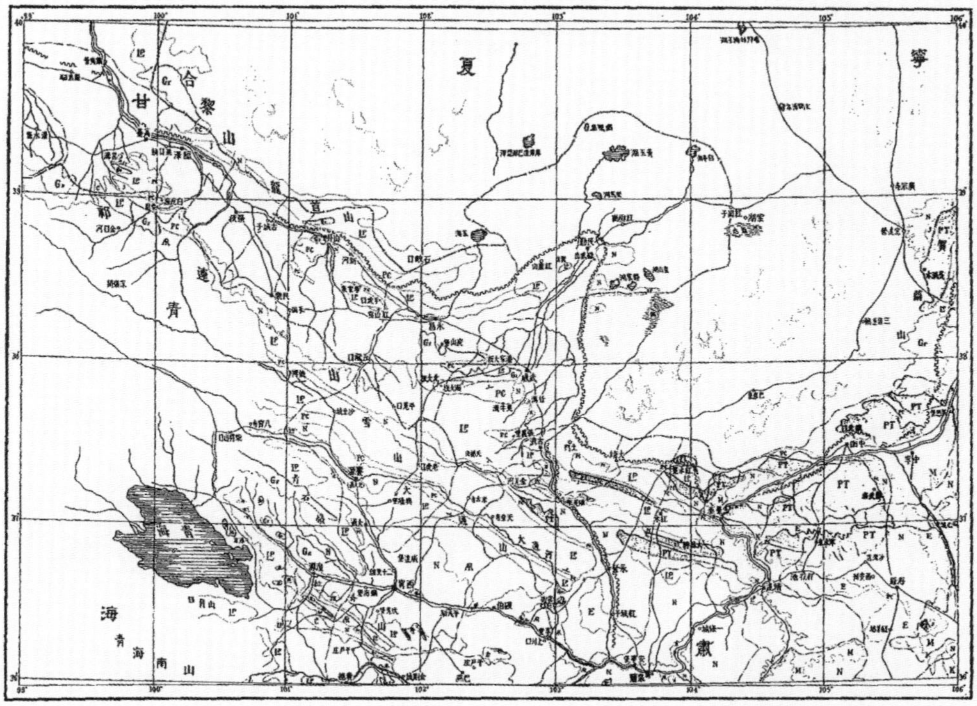

Ⅵ

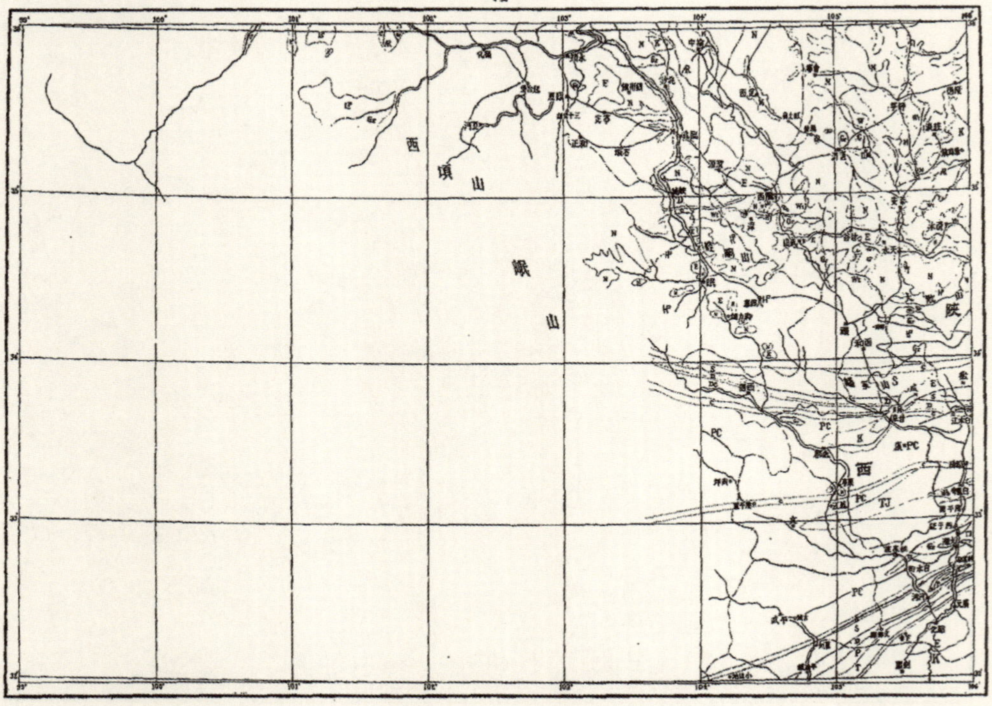

重要參考圖書

書名	著者	出版
北京濟南幅地質圖及說明書	譚錫疇	北平地質調查所出版
太原榆林幅地質圖及說明書	王竹泉	北平地質調查所出版
南京開封幅地質圖及說明書	李捷	北平地質調查所出版
中國地質綱要（中國北部陰山山脈）	翁文灝	科學十三卷二期
秦嶺山地質圖及報告	趙亞曾　黃汲清	北平地質調查所出版
綏遠地質圖及報告	孫健初	北平地質調查所出版
甘肅地質圖及簡報	謝家榮　袁復禮	未印行
甘肅寧夏地質圖及報告	侯德封　孫健初	未印行
陝西涇洛兩河間地質圖及報告	趙國賓	中央研究院出版
秦嶺中段南坡地質圖及報告	李捷　朱森	中央研究院出版
陝北油田及油母頁巖地質	王竹泉　潘鍾祥	北平地質調查所出版
山西地質圖	王竹泉	一部未印行

河南地質圖　新常富　未印行

China and Atlas von China, von Richthofen.

Atlas in Ost-Asien, von Loczy.

Central Asia and Nanshan, Obrutcheff.

Research in China and Atlas, Bailey Willis.

Observations Géologique à Travers Les Deserts d'Asie Centrale de Kalgan à Hami, P. Teilhard de Chardin.

Geological Map of Shensi, Oil Standard Co. N. Y. (未印行)

（註）各區域地質報告及專門論文爲數甚夥請參閱地質調查所出版書目及地質學會會誌目錄

中華民國二十六年六月初版

黃河志第二篇地質志略一册 (9 4 3 4 0 B)

每册實價國幣貳元捌角

外埠酌加運費匯費

編纂者　侯德封

編輯者　黃河志編纂會

出版者　國立編譯館

發行人　王雲五　上海河南路

印刷所　商務印書館　上海河南路

發行所　商務印書館　上海及各埠

後　記

我是從數學史學習中逐步瞭解治黄史的。漢代《許商算術》的作者許商，好天文術數之事的王景、李尋善，他們既是數學家，又以治理黄河而聞名。我國現存最早的河工著作《河防通議》，將中國古典數學天元術運用到治黄工程中，創造了中國古代工程數學的一個高峰。除了數學史之外，内蒙古師範大學科學技術史研究還以少數民族科技史和地方科技史見長。李迪先生曾指出地方科技史研究的重要内容是人與自然環境變遷、科技遺迹與自然環境以及環境與生産的關係，此類研究具有明顯的現實意義和重要價值。想要通過大科學史研究，弄清變遷的原因和未來的發展趨勢，産出對于地方各方面的開發有更大、更直接價值的成果，這類研究大多離不開文獻。之後，李迪先生更是直接指出科技史研究不僅是對過去的科技工作和科技成果的回顧與總結，而且要着眼于現代，讓古人的發明創造爲今人服務，繼續在現代發揮其應有的作用。我將先生大科學史的治學理念視爲座右銘，在科研工作中更加注重讓科研成果服務于國家戰略與區域發展需求。

二〇一九年九月，習近平總書記在黄河流域生態保護和高質量發展座談會上指出，黄河流域在我國經濟社會發展和生態安全方面具有十分重要的地位。黄河流域生態保護和高質量發展是重大國家戰略。同年十月，黨的十九届四中全會提出『加强邊疆治理，推進興邊富民』，首次把邊疆治理寫入黨的文件。内蒙古師範大學組織科研力量，積極申報研究闡釋黨的十九届四中全會精神的國家社科基金重大項目，其中『中國特色社會主義民族區域自治制度自信研究』項目獲批。我承擔其中的『鑄牢中華民族共同體意識下的民族自治地方文化自信研究』子課題，而黄河是首選文化要素。二〇二四年，該項目順利結項，我也對黄河文化所藴含的時代價值有了更深的體會。

有鑒于此，我帶領文化遺産智能應用服務中華民族共同體建設『英才興蒙』團隊，以黄河爲主題，開展了文獻、文物、傳統工藝等多模態資源庫建設和跨模態應用示範工作。這次與内蒙古人民出版社合作出版的《黄河國家治理文獻集成》，旨在梳理和總結文獻中所藴含的歷史經驗和文化信息，爲當代及未來的黄河治理和地方文旅産業發展提供參考與借鑒。

感謝内蒙古民族文化産業研究院、巴彦淖爾市圖書館等单位的傾力相助，感謝内蒙古自治區黨委宣傳部、内蒙古出版集團、内蒙古人民出版社對本項目的支持與幫助。

在此，也向致力于黄河治理和大河安瀾的歷代先賢與當代典範表達崇高的敬意：你們的不懈努力與無私奉獻，爲黄河的安寧與人民的福祉築起了堅實的防綫；你們的智慧與勇氣，將永遠銘刻在中華民族的歷史豐碑上，激勵後人不斷前行。

董杰

二〇二五年一月

北疆文化